"十四五"职业教育河南省规划教材
高等职业教育园林类专业系列教材

园林美术 第4版

YUANLIN MEISHU

主　编　孟庆英
副主编　郭梦影　徐　璐
　　　　徐　伟　孙龙飞
主　审　黄红春

重庆大学出版社

内容简介

本书是高等职业教育园林类专业系列教材之一，由美术基础理论、美术基础实践技能和园林专业应用技能三大模块构成。包含美术概述、绘画基础知识、素描、色彩、园林景观效果图表现技法、园林植物配置与造景、美术字与图案 。每一模块由若干相对独立的单元构成，每个单元包括知识目标、能力目标、正文、课堂训练、项目小结和拓展训练等。教材内容紧扣园林、建筑、景观、环艺等设计领域的需求，理论基础重点突出实际技能所需要的内容，运用大量精美图片，有步骤、有图解、有赏析。本书既是教师的教学参考书，又是学生实践技能的训练摹本，具有明显的高职特色，又具有较强的专业性、规范性、实用性和可操作性。本书配有 28 个视频微课，可扫描书中二维码观看。

本书适合高职高专、应用型本科院校、五年制高职园林、建筑、景观、环艺等设计专业作教材，也可作为相关专业设计人员的参考用书。

图书在版编目(CIP)数据

园林美术 / 孟庆英主编. -- 4 版. -- 重庆 : 重庆大学出版社, 2023.6
高等职业教育园林类专业系列教材
ISBN 978-7-5624-8361-8

Ⅰ. ①园… Ⅱ. ①孟… Ⅲ. ①园林艺术—绘画技法—高等职业教育—教材 Ⅳ. ①TU986.1

中国国家版本馆 CIP 数据核字(2023)第 079420 号

园林美术
(第 4 版)
主　编　孟庆英
副主编　郭梦影　徐　璐
徐　伟　孙龙飞
主　审　黄红春
策划编辑:何　明
责任编辑:何　明　　版式设计:莫　西　何　明
责任校对:谢　芳　　责任印制:赵　晟
*
重庆大学出版社出版发行
出版人:饶帮华
社址:重庆市沙坪坝区大学城西路 21 号
邮编:401331
电话:(023)88617190　88617185(中小学)
传真:(023)88617186　88617166
网址:http://www.cqup.com.cn
邮箱:fxk@cqup.com.cn(营销中心)
全国新华书店经销
重庆长虹印务有限公司印刷
*
开本:787mm×1092mm　1/16　印张:13.75　字数:353千
2014 年 9 月第 1 版　2023 年 6 月第 4 版　2023 年 6 月第 6 次印刷
印数:12 501—15 500
ISBN 978-7-5624-8361-8　定价:59.00 元

编委会名单

编写人员名单

主　编　孟庆英　河南农业职业学院

副主编　郭梦影　河南农业职业学院

　　　　徐　璐　河南农业职业学院

　　　　徐　伟　重庆建筑工程职业学院

　　　　孙龙飞　河南农业职业学院

参　编　郭社霞　河南农业职业学院

　　　　王　方　河南农业职业学院

　　　　王雪玲　河南农业职业学院

　　　　黄红艳　重庆艺术工程职业学院

主　审　黄红春　四川美术学院

再版前言

园林美术是高等职业院校园林类专业的一门重要专业基础课。本教材是根据高等职业院校园林类专业学生从事园林工作所应具备的美术知识和造型技能的实际需要而编写的。园林美术课程不是培养画家，而是培养具有园林形象思维能力和实际操作能力的从业者。所以，教材定位很重要，关系到教学的内容与方向。传统教材中的纯美术的概念和理论不利于职业素质的培养，应该打破以往园林专业的纯美术的教学传统模式，从各方面强化园林美术与园林专业之间的融合性。所以教材的内容要适应专业的需要，引发学生兴趣，突出技能训练。本教材运用大量精美图片，有步骤、有图解、有赏析，力求做到规范性、专业性、实用性和可操作性，不但保证了学生课堂使用，而且还保证了课下训练用书。本教材既是教师的教学参考书，又是学生实践技能训练的摹本，以有别于其他的园林美术教材。

本教材编写不管是绘画基础还是表现技法都注重以园林中的植物、建筑、山石、水体等元素为主要表现对象，在介绍基本绘画技能的基础上，用大量园林绘画表现实例，使学生在较短的课时中尽快掌握基础绘画和相关的园林绘画技能。所以要强化技能训练，突出新工具、新技法的介绍，重点图解园林要素的表现技法，由单体的描绘走向园林景观的绘制，使学生能够在学习技法、提高绘画表现力的同时，不断地开阔眼界、拓展能力，形成良好的园林思维习惯，并在以后的职业生涯中能持续地拓展能力以适应工作需要。

本教材编写人员均是多年从事园林专业的一线美术教师，具有丰富的教学经验和扎实的美术功底。他们经常带学生到园林基地实习，对学生现有美术水平和从事园林工作所应具备的美术知识及造型技能的实际需要了如指掌。在编写过程中，尽量使本教材在内容上紧扣园林、建筑、景观、环艺等设计领域的需求，文字简练，并且汇聚了大量的审美价值高和临摹价值大的精美图片，目的就是给教师和学生提供一本水平较高的参考用书，在此，对所有被选为范画的作者表示诚挚的谢意，如有未能事先与原画作者沟通的情况，表示诚心的致歉。

本教材由孟庆英担任主编，负责全书的统稿和审稿工作。副主编：郭梦影、徐璐、徐伟、孙龙飞。参编：郭社霞、王方、王雪玲、黄红艳。主审：黄红春。具体编写分工如下：第 1 章，郭社霞、徐伟；第 2 章，王方、黄红艳；第 3 章，孟庆英；第 4 章，郭梦影；第 5 章，徐璐；第 6 章，孙龙飞、徐伟；第 7 章，王雪玲、黄红艳。

本教材自 2014 年 9 月第 1 版出版以来，在全国各高职院校广泛使用，已多次重印，受到广大师生的欢迎。为进一步提高教材质量,我们又对教材进行了修订。本次修订替换了一些图片,更正了书中的一些错误,使教材质量有所提升。此外,还增加了28个视频微课,扫书二维码观看,更加方便老师教学和学生自学。

由于编者水平有限,本教材难免有不足之处,敬请广大同行和读者批评指正,以便再版时修正完善。

编　者

2023年4月

目　录

模块3　园林专业应用技能

模块1

美术基础理论

项目1 美术概述

[知识目标]

(1)学习并掌握美术及四大分类的概念。

(2)了解美术详细分类的特点及其艺术表现语言。

[能力目标]

(1)鉴赏部分中外著名美术作品,提高美术鉴赏能力。

(2)提高对艺术的洞察力,培养健康正确的审美情趣。

美术是人类创造的精神文明的硕果,古今中外,上下几千年的文明史中,美术曾经愉悦了无数人的视觉,震撼了无数人的灵魂,牵动了无数人的情感,影响了无数人的意志。一提到美术,人们就会想到有气魄的汉代石刻和辉煌的盛唐壁画;就会想到古希腊的建筑雕塑和意大利文艺复兴的绘画;还会联想到现实生活中许多美好的事物。人们喜欢美术,欣赏美术,但是,美术到底是什么呢?

“美术”这个专有名词,源于古罗马的拉丁文“art”,原意是指相对于自然天成的人工技艺,泛指各种手工制作的艺术品,近代日本以它的日文汉字意译为“美术”。在我国,20世纪“五四”新文化运动中美术开始逐渐被艺术家和教育家们普遍应用。

美术,是艺术的一个主要门类,在艺术的分类中又叫作造型艺术、视觉艺术、空间艺术和静态艺术,它指艺术家们运用一定的物质材料,塑造可视的平面的或立体的视觉形象,如用纸张、颜料、笔创作绘画,用石头、泥土创作雕塑,用石头、木材建造建筑物等。这些可视的反映大自然和人们社会生活的形象是艺术家表达自己思想观念和内心情感的一种活动。美术是一种文化,一种特殊的不需要文字的文化,它通过无声的形象来表达思想、抒发情感、感染观众,引起精神共鸣。

世界上的美术品类,按照物质材料和制作方法的不同一般分为绘画、雕塑、建筑、工艺美术四大类以及书法、篆刻、摄影、设计等,每个门类又可细分为许多品种。按功能的不同它还可以分成纯美术和实用美术两大系统。所谓纯美术,主要指满足欣赏和娱乐等精神需求,以审美为目的的美术,主要包括绘画、雕塑、书法、篆刻、摄影等;所谓实用美术,主要指以实用为目的,实用与审美相结合的美术,包括建筑、工艺美术和设计等。各类美术品种,在人们的工作和学习中,在衣食住行的每个角落,无时无刻不在进行和灌输着审美教育。

园林美术是人类用不同的自然物质材料经过各种艺术处理而创造出的环境空间,它主要的反映对象是自然美,以自然美作为主要的表现主题,而园林中的建筑物等属于非自然物,怎样让其风格、体量、形式、色彩、布局为园林艺术的自然美增色而不是压倒和破坏自然美,就需要园林设计者运用所掌握的各方面的综合知识进行园林规划设计,而怎样把脑海中抽象的设计绘制成形象的设计画稿,这就需要扎实的美术基础特别是绘画知识和技能。构成园林艺术这幅三维立体画的材料不是画布和颜料,而是真实的天然的自然风景和人工建筑,怎样把自然风景和人工建筑合璧成为完整和谐的统一体,这就需要我们大家认真学习美术知识,刻苦训练绘画技能,培养正确的审美情趣,循序渐进、潜移默化地提高对事物的审美能力和造型能力,为能够成为一名优秀的园林工作者打下坚实的基础。

任务1 绘 画

绘画是画家运用点、线、面、造型、光感、色彩、肌理效果等造型手段,在二维的平面上塑造艺术形象的一种美术形式。绘画始于模仿大自然,在早期,人们用"像"与"不像"来评定绘画的优劣。但随着时代的发展,不同画家独特的个人风格逐渐被大家接受,绘画作品的意义,除了造型的准确之外,注重更多的是画家审美情操的一种个性表达。绘画有它独特的艺术语言,其主要构成是线条、色彩、构图等,对线条、色彩等的不同处理造成了视觉语言的丰富多彩,使人们产生视觉感受。不同的绘画作品可以给予人们不同的视觉感染,画家通过绘画作品向人们传达自己的思想情感,观赏者在与画家达成共鸣的过程中体现其艺术价值。

绘画按地域分为两大类,以中国画为主的东方绘画体系和以欧洲绘画为主的西方绘画体系;按绘画的不同工具、颜料和技法分为中国画、油画、素描、水彩画、水粉画、版画等;按绘画题材西方绘画分为肖像画、风景画、静物画,东方绘画分为人物画、山水画、花鸟画等;按绘画的社会功能分为装饰画、连环画、宣传画、年画、插图、漫画等。

1)中国画

中国画在中国古代称为"丹青",主要指画在帛、绢等丝织物和宣纸上并加以装裱的卷轴画。近现代以来为了区别于西洋画等外国绘画而称为"中国画",简称"国画",它的工具材料是中国特有的笔、墨、纸、砚及国画颜料。

中国画在内容和艺术创作上反映了中华民族几千年的民族意识和特有的审美情趣,体现了古人对自然、社会以及相关联的政治、哲学、宗教、道德、文艺等方面的认知。中国画讲究"师法自然""虚实相生""意存笔先,画尽意在""以形写神,形神兼备""妙在似与不似之间"。由于书画同源,因此绘画同书法、篆刻相互影响,相互促进,诗、书、画、印相结合展示了中国画的独特美,中国画的最高境界就是诗情画意的意境美。

图1.1 人物龙凤图(战国)

中国画历史悠久,从最早的岩画和彩陶到战国帛画(图1.1)及两汉和魏晋南北朝时期,以宗教绘画为主,山水画和花鸟画开始萌芽。现存东晋著名画家顾恺之的《女史箴图》卷（图 1.2）和《洛神赋图》卷（图 1.3）摹本，是最早的卷轴画。隋唐时期由于社会经济文化高度繁荣，绘画也出现了全面繁荣的局面，人物画以贵族生活为主，如张萱的《虢国夫人游春图》（图 1.4）和周昉的《簪花仕女图》（图 1.5）。到了五代、两宋时期，中国画进一步发展和成

图 1.2　女史箴图（局部）　顾恺之（东晋）

图 1.3　洛神赋图（局部）　顾恺之（东晋）

图 1.4　虢国夫人游春图　张萱（唐）

图1.5 簪花仕女图(局部) 周昉(唐)

图1.6 韩熙载夜宴图(局部) 顾闳中(五代)

图1.7 匡庐图 荆浩(五代)

图1.8 溪山行旅图 范宽(宋)

熟,宗教画渐渐衰退,人物画转而描绘世俗生活,山水画和花鸟画成为画坛主流,如顾闳中的《韩熙载夜宴图》(图1.6),荆浩的《匡庐图》(图1.7),范宽的《溪山行旅图》(图1.8)和黄荃的《写生珍禽图》(图1.9),张择端的《清明上河图》(图1.10)及赵佶的《芙蓉锦鸡图》(图1.11)。随着文人画的出现及发展,中国画在题材和技法上丰富起来,元明清三代水墨山水画和写意花鸟画得到快速发展,文人画逐渐成为国画的主流。19世纪末,在近百年引入西方美术的表现形式与艺术观念后,各大流派纷呈,名家辈出,涌现了如齐白石(图1.12)、黄宾虹等著名画家,中国画出现了继承传统与革新并存的新局面。20世纪以来,中国画坛出现了百家争鸣、百花齐放的景象,和世界的进一步融合,使中

图1.9 写生珍禽图 黄荃(五代)

国画在技法、题材、观念上都有了很大改观，涌现了徐悲鸿（图1.13）、潘天寿、张大千等一批著名画家。这一时期中西方绘画理念的沟通使人们更加热爱祖国传统文化，理解世界多元文化，认识到既不能盲目排外，也不能盲目自大，既要继承传统，又要虚心学习，中国画以崭新的姿态屹立于世界画坛（图1.14）。

图1.10 清明上河图（局部） 张择端（宋）

图1.11 芙蓉锦鸡图 赵佶（宋）

图1.12 家鸡 齐白石（近代）

图1.13　奔马　徐悲鸿（近代）

图1.14　红苹果　何家英（现代）

2）油画

油画起源于欧洲，是以快干性的植物油（亚麻仁油、松节油等）作为稀释剂调和颜料，在亚麻布或木板上进行制作的画种。画面所附着的颜料有较强的硬度，当画面干燥后，能长时间保持光泽，凭借颜料的遮盖力和透明性能充分表现描绘对象。油画色彩丰富、笔触明显、立体感强，是西洋绘画的最主要画种，近代成为世界性的重要画种。

油画始于11世纪，大约在1420年，尼德兰画家凡·艾克（图1.15）发现他的一张蛋清画在阳光的照射下裂开了，就试图寻找一种在阴暗处可以干燥的调和剂。他偶然间用亚麻仁油和胡桃油调和布鲁日凡立水，这种新型调和剂作为稀释剂和颜料来作画，不仅在阴暗处容易干燥，而且可增加画面光泽，提高画面亮度，效果非常好，后来被广大油画家广泛应用。

油画发展过程分为古典、近代、现代3个时期，不同时期的人文思想影响着当时油画的风格。在15世纪欧洲文艺复兴时期，许多画家逐渐摆脱了以单一的基督教经典为题材的创作，转而开始描绘日常生活中的人物、风景、静物。这一时期著名的画家达·芬奇的作品《蒙娜丽莎》（图1.16）和《最后的晚餐》（图1.17）是世界绘画史上的不朽名作，他与画家拉斐尔（图1.18）和雕塑家米开朗琪罗被人们称为文艺复兴时期的“三杰”。与此同时，许多画家潜心研究透视学、光学、人体解剖学等，使油画由开始的追求写实、宁静的古典主义（图1.19）慢慢发展为17世纪的充满浪漫、动感激情风格的巴洛克艺术（图1.20），到了18、19世纪，推崇理想、理性和自然的新古典主义（图1.21）和追求色彩表达主观感受的浪漫主义风行一时。19世纪末，印象派出现，他们抛弃传统技法和观念，用颜料直接作画，捕捉瞬间色彩印象（图1.22—图1.24）。到了20世纪，出现了运用变形手法表达感情的野兽派和倡导新的空间与形体组织形式的立体派（图1.25）及颠覆艺术与非艺术界限的用“拼贴”手法的达达派。总之，油画流派分为两大类：以客观再现为主的创造性作品和以主观表达为主的创造性作品。

图1.15　阿尔诺芬尼夫妇像　凡·艾克(尼德兰)

图1.16　蒙娜丽莎　达·芬奇(意大利)

图1.17　最后的晚餐　达·芬奇(意大利)

图1.18　椅中圣母　拉斐尔(意大利)

图1.19　夜巡　伦勃朗(荷兰)

图1.20　秋千　弗拉戈纳尔(法国)

图1.21　拾穗者　米勒(法国)

图1.22　日出·印象　莫奈(法国)

图1.23　大碗岛的星期日下午　乔治·修拉(法国)

图1.24　向日葵　凡·高(荷兰)

图1.25　亚维农少女　毕加索(西班牙)

中国最早在明清时期引入油画，艺术家对其进行了不断的探索，20 世纪初，徐悲鸿、林风眠、刘海粟等留学欧洲，为中国油画的发展做出了重要贡献。新中国成立后，苏联画派的油画占据了中国油画创作的主流，董希文的《开国大典》(图 1.26)掀起了“油画中国风”的艺术思潮。“文化大革命”期间，迎合政治需要呈现出“高、大、全”“红、光、亮”的特征，直到 1979 年，出现了“伤痕风”和“乡土情”两种绘画潮流，彻底反思了“文化大革命”时期的美术创作，重新踏上探索油画本身问题的道路。到了 1985 年，出现了“85 新潮”，新的艺术观念和创作方法纷纷涌现，推动了中国油画健康的发展(图 1.27、图 1.28)，20 世纪 90 年代后至今，中国油画开始了真正意义的多元化时代，各种艺术样式交相辉映，宽容和并存成为艺术发展的最大特征(图 1.29)。

图 1.26　开国大典　董希文(中国)

图 1.27　青年女歌手　靳尚谊(中国)

图 1.28　塔吉克新娘　靳尚谊(中国)

图 1.29　父亲　罗中立(中国)

3)水彩画

水彩画大约产生于 15 世纪末的欧洲，18 世纪形成独立画种，是以水作为稀释剂调和水彩颜料作画的画种。水彩颜料较透明，以水的多少来改变色彩的浓淡和干湿变化，水彩颜料无覆盖性，画面表现明快、轻盈、滋润(图 1.30—图 1.33)。

图1.30　十月　卡尔·拉森(瑞典)

图1.31　人物　安格斯(瑞典)

图1.32　水彩人物　关维兴(现代)

图1.33　风景　楢崎清春(日本)

4) 水粉画

水粉画是以水作为稀释剂调和水粉颜料所画的画种,兼具油画和水彩画的特点。水粉颜料如油画颜料般具有覆盖性,水量少时可以呈现画面厚重的效果,也可加大水量表现出水彩画般的透明轻快。所以水粉画是一般美术教学中重要的色彩训练学习课程(图1.34、图1.35)。

图 1.34 葡萄 郭振山(中国)

图 1.35 田间小路 姚钟华(中国)

5) 版画

版画是在印版上印出的图画,但是不同的工具(刻刀)在不同的材质版面(木板、石板、金属板)上用不同的制作方法(刻、腐蚀)做出的印版不同,效果也是不一样的。版画是画家手工制作的印版的印制品,一个印版可以印出多张原作,但它的目的不在于大量复制,而是追求一种独特的艺术品位。根据印版特点的不同,版画分为凸版(木版画)(图 1.36、图 1.37)、凹版(铜版画)、平版(石版画)和漏版(丝网版画)(图 1.38)。

图 1.36 怒吼吧!中国 李桦(近代)

图 1.37 初踏黄金路 李焕民(中国)

图 1.38 玛丽莲·梦露 安迪沃·霍尔(美国)

6) 素描

素描是使用简单的工具,以线条和色块的明暗色调的变化为主要描绘方式的单色绘画。它是利用点、线、面对表现对象进行准确、概括及朴素的描绘,被视为一切造型艺术的基础。素描开始时仅为画家作画的构思草稿，后来由于其表现风格逐步精确细密，渐渐和其他画种一样作为一种创造性的表现形式，成为独立的美术作品(图1.39—图1.41)。

图1.39 自画像习作 达·芬奇(意大利)

图1.40 兔子 丢勒(德国)

图1.41 风景 徐悲鸿(中国)

任务2 雕 塑

雕塑又称雕刻，是雕、刻、塑3种创制方法的总称。指雕塑家用各种材料(泥土、石块、金属等)运用雕刻、塑造的方法，制作出具有一定体积的三维立体的艺术形象。“雕刻”是指在硬质材料(石头、玉)上进行艺术形象加工，去掉不需要的部分，是“消减法”；“雕塑”是指用软性材料(泥土、面块)进行改变、捏制、堆砌，是“增加法”。

早在原始人类开始学会制造石器工具的活动中就包含了最初的雕塑元素。当然，这些生产工具还不是真正的雕塑作品，随着人们生产活动的发展，人类审美意识的提高，它才逐渐成为脱离实用的装饰品，进而成为单纯的雕塑作品。

雕塑是以物质实体性的形体塑造可视、可触的立体艺术形象，它以体量、空间、形体、结构为主要艺术语言，通过使用不同的材质特征（石块的沉稳、玉石的温润、钢铁的坚韧、泥土的亲和），运用不同的制作方法，创作出不同的艺术形象来反映社会生活、时代精神，传达雕塑家的审美感受、审美情感和审美理想。

西方传统雕塑源于古希腊、古罗马时期，但这些雕塑艺术不是凭空产生的，在这之前的旧石器时代就出现了最早的雕塑，1909 年发现于奥地利维伦多夫的《维伦多夫的维纳斯》（图 1.42）是这一时期的杰出代表，它独特的面部设计及夸张的女性生殖特征的造型，寄托着原始人们对生活的期望，流露出强烈的生命激情。古埃及时期杰出的代表作是埃及最大、最古老的室外雕塑《狮身人面像》（图 1.43），它高 66 英尺，长 240 英尺（1 英尺≈0.304 8 米），它雄踞在巍峨的

图 1.42　维伦多夫的维纳斯　（奥地利）

图 1.43　狮身人面像　（埃及）

图 1.44　胜利女神　（希腊）

图 1.45　大卫　米开朗琪罗（意大利）

金字塔前，彰显法老的无上权威，写实的雕刻手法，显示了古埃及雕刻家们技艺的高超。古希腊时期的不朽之作是创作于公元前190年现藏于巴黎卢浮宫博物馆的《胜利女神》(图1.44)，它在1863年在萨莫雷斯岛被发现，原高328 m，保存下来的有245 m。但是这座断头失臂的女神依然有着惊人的魅力，她伸展双翼，衣裙迎风飞舞，丰满健壮而又姿态优美的身躯表现出胜利的喜悦和豪迈的心情，仿佛活了的石头，显示出雕塑艺术家惊人的艺术技巧。16世纪初，欧洲的文艺复兴时期，出现了一位杰出的雕塑家米开朗琪罗。他最著名的作品是《大卫》(图1.45)，它高250 cm，塑造的是一位《圣经》中传说的不畏巨人、保家卫国的少年英雄形象，当年仅29岁的米开朗琪罗用自己火热的心和强有力的手使一块高6 m、放置了80多年的巨石变成了雕塑史上名垂千古的不朽之作。

图1.46 秦始皇陵兵俑 （中国）

中国雕塑艺术的诞生、萌芽、幼年出现在先秦时期，包括原始社会以及夏、商、周各代，比较盛行石器、骨雕、玉雕及青铜雕塑。秦始皇陵墓中的兵马俑(图1.46)，个个栩栩如生，人物容貌神情刻画出色、气宇轩昂，战马筋肉丰满、体魄强健，标志着秦代雕塑艺术达到了有史以来的高峰。魏晋南北朝时期开凿了大量的佛教雕塑，其中云冈石窟(图1.47)气势恢宏、规模巨大，佛像高大、庄严，具有崇高感和神秘感。隋唐时期雕刻艺术逐渐走向成熟，昭陵是唐太宗李世民的墓葬，其中最著名的是陵前为纪念李世民在数十年的征战中骑过的战马而作的石刻浮雕——“昭陵六骏”(图1.48)。它们造型真实、结构准确、细节细致，作为高浮雕作品，体积感强，彰显作者高超的雕刻技艺。

图1.47 云冈石窟佛像 （中国）

图1.48 昭陵六骏之一 （中国）

近现代时期，国内外涌现了大量雕塑杰作，随着时代的进步、科技的发展，雕塑材料的使用也更加灵活多变，有传统的石雕、金属雕及综合材料雕塑。

图1.49 观音像 （中国）

从世界地域划分，雕塑分为东方雕塑和西方雕塑；从形态特征划分为圆雕(图1.49)、浮雕(图1.50)和透雕；从社会用途上划分为装饰性雕塑、纪念性雕塑和宗教雕塑等;从艺术表现形式上分为具象雕塑和抽象雕塑;按照放置的位置和环境分为城市雕塑(图1.51)、园林雕塑、室内雕塑、室外雕塑、架上雕塑、案头雕塑等;从时间上分为古代雕塑和现代雕塑(图1.52);按照材质可分为泥塑、木雕、石雕、铜雕等;人像雕塑按部位分割为头像、胸像、半身像和全身像。

图1.50 胜利渡江 刘开渠(中国)

图1.51 五羊石雕 尹积昌等(中国)

图1.52 五月的风 黄震(中国)

1)圆雕

圆雕指完全立体,可供四面观赏的雕塑。圆雕一般没有背景,主要是通过自身立体的形体形成的艺术形象,圆雕可以是单个的,也可以是组合的。

2)浮雕

浮雕指在平面的地板上塑造的雕刻形象。浮雕的形体的轮廓线近似于绘画,但是有一定的厚度和体积,浮雕通常以形体的凸凹的高低厚薄分为高浮雕和浅浮雕。

任务3 建 筑

人类在漫长的历史发展过程中,为了自身居住和其他方面的需要,逐渐产生了审美意识,创造出了丰富多彩的建筑艺术。建筑，是建筑家按照美的规律，运用物质材料和建筑技术，创造出的满足人们实用需要和符合人们审美要求的实体空间。“空间”是建筑的主角，“适用、坚固、美观”是建筑的三要素。

从埃及的金字塔到希腊的神庙（图1.53），从巴比伦的空中花园到中国的古典园林（图1.54），从印度的佛塔到玛雅人的图腾柱，可谓林林总总、色彩斑斓。建筑通过造型、色调、格局等独特的艺术语言，使建筑的形象不但具有审美价值和文化价值，更具有象征性和形式美。

图1.53 帕提农神庙 （希腊）

图1.54 苏州园林 （中国）

建筑在早期是以实用为主，它必须适用、坚固，慢慢地根据各地地域、民族、时代的不同，建筑也展现出了不同的审美特征和艺术趣味。优秀的建筑作品是一个建筑师的丰碑、一个国家的代表，甚至是一个时代的象征。

建筑从地域上分为东方建筑（图1.55）和西方建筑；从性质和社会用途上分为纪念性建筑（图1.56）、宫殿（图1.57）和陵墓建筑、宗教建筑（图1.58）、民居住宅建筑（图1.59—图1.61）、工业建筑和园林建筑等；从时间上分为古代建筑（图1.62）和现代建筑（图1.63—图1.65）。

图1.55 大雁塔 （中国）

图1.56 提图斯凯旋门 （意大利）

图1.57　北京故宫　(中国)

图1.58　古都多佛塔　(缅甸)

图1.59　四合院民居　(中国)

图1.60　周庄水乡　(中国)

图1.61　客家圆屋土楼　(中国)

图1.62　巴黎圣母院　(法国)

图 1.63　悉尼歌剧院　（澳大利亚）

图 1.64　中银大厦　（中国）

图 1.65　国家体育场　（中国）

任务4　工艺美术

工艺美术是生活的艺术，是以实用为目的，以功能为前提，运用物质生产手段对各种不同材料进行审美加工和创造的造型艺术。工艺美术是人类最古老的艺术之一，早在人类历史发展初期，原始人为了生存而制作的生产和生活用品中，就孕育着工艺美术的产生。最早的工艺美术，实用性占主要地位，随着审美因素的不断增加，有的工艺美术品的装饰性已经超过了实用性。工艺美术品兼具实用性和装饰性，既有实用价值，又有欣赏价值；既是物质产品，又传递出强大的精神能量。从原始社会的石器、骨器、编结物到现代的陶瓷、染织、漆器、木器、金银首饰，各种不同的工艺品依据不同的实用功能被设计出千万种不同的漂亮造型，满足人们生活中对审美的需求。因此，物质与精神、实用与审美的双重属性是工艺美术自诞生以来就一直应该具备的根本属性。

工艺美术种类繁多，大致可分为两种类别：实用工艺美术（生活和生产用品）和特种工艺美术（欣赏、陈设用品）。

1）实用工艺美术

实用工艺美术品主要以实用为目的，经过审美加工的实际生活用品，如服饰、器皿、编织等（图1.66—图1.74）。

图1.66 司母戊大方鼎 （中国）

图1.67 人面鱼纹陶盆 （中国）

图1.68 紫砂壶 （中国）

图1.69 青花瓷 （中国）

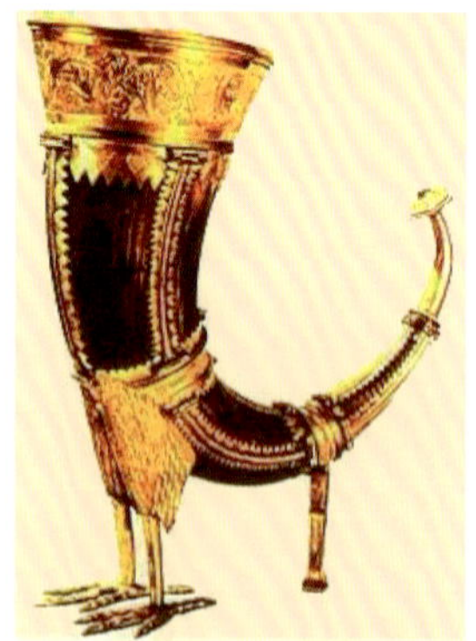

图1.70 角杯 （德国）

图1.71 路易十五的办公桌 （法国）

图1.72 赛佛尔花瓶 （欧洲）

图 1.73 带发条的怀表 （瑞士）

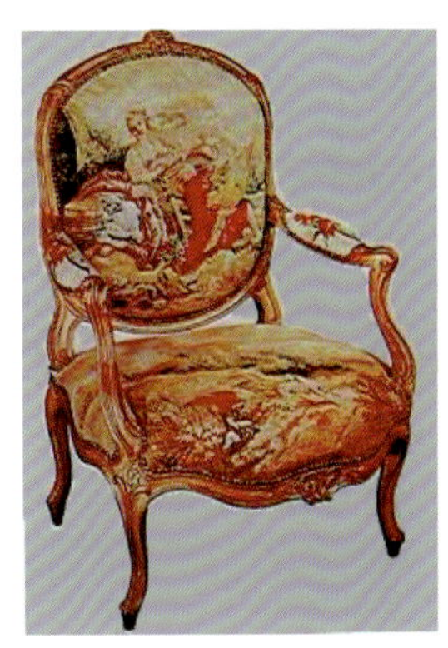

图 1.74 椅子 （欧洲）

2）特种工艺美术

特种工艺美术品是指专供欣赏，没有什么实用价值的工艺美术品，如牙雕、玉雕、绢花等（图 1.75—图 1.78）。

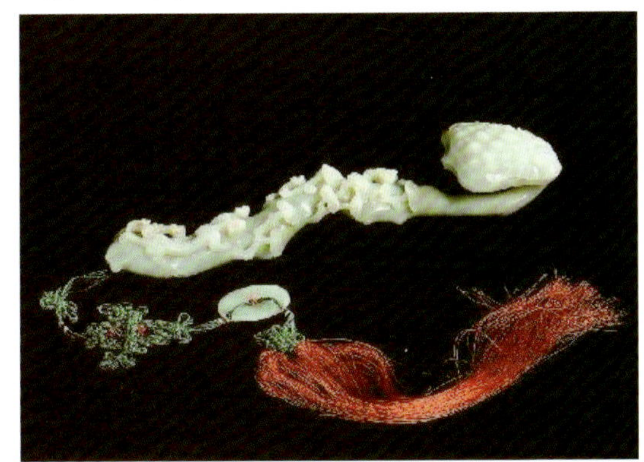

图 1.75 玉如意 （中国）

图 1.76 布老虎 （中国）

图 1.77 皮影 （中国）

图 1.78 唐三彩马 （中国）

工艺美术在漫长的发展过程中，由于受历史条件、地理环境、技术水平、民族特色和审美情趣的不同而表现出不同的风格特色，具有显著的民族性和时代性，这是工艺美术不断走向成熟的标志。现代社会新技术、新材料、新思路的不断涌现给工艺美术的发展开拓了新的领域和天地，更多精彩的工艺美术品源源不断地被聪慧的人们创造出来，成为世界，成为人类共同的财富（图 1.79—图 1.83）。

图 1.79　现代台灯

图 1.80　现代花瓶

图 1.81　现代水杯

图 1.82　汽车

图 1.83　电话

课堂训练

1）**训练内容**

欣赏国内外著名美术作品图片。

2）**训练要求**

能准确地说出作品的作者、国家和种类。

项目小结

通过本项目文字和图片的学习，了解美术的概念、分类特点及艺术表现方式，提高美术鉴赏力。

拓展训练

1）**训练内容**

参观各种美术展览。

2）**训练要求**

写出观后感，提高对艺术的洞察力，培养健康正确的审美情趣。

目标考核

优良：有正确的、健康的审美观，并有自己独特的艺术见解。
合格：有正确的、健康的审美观。

项目2 绘画基础知识

[知识目标]

(1)理解和掌握构图、结构、比例、透视、明暗等绘画基础知识。

(2)了解构图法则、透视规律和明暗变化规律在绘画中的运用。

[能力目标]

(1)能够在绘画中灵活运用构图法则、透视规律和明暗变化规律。

(2)具备一定的观察能力、造型能力、审美能力和形象思维能力。

任务1 形体结构

形是指能代表物体特征的平面形,即形体的外轮廓。

体是指物体在空间占有的体积,即多面组成的立体形状(图2.1)。

结构:在造型艺术的意义上是指对描绘物象在解剖结构和形体结构上的认识与理解。结构观念的建立,旨在素描基础训练中"以理解形态开始,从结构造型起步"的较高的学习起点,以理性的、科学的观察方法和思想方法,破除初学者习惯的视觉经验和思维方式,提高他们在素描基础训练中对物象形态结构的辨析能力、理解能力和表现能力,从而获得能够深入形态表象和结构实体之中的洞察力。准确捕捉到物象结构本质要素,并运用造型语言揭示出来,成为物象特征和精神意象的完美体现,是其目的所在。

图2.1 左体右形

那么在绘画中怎么去表现结构呢?大家知道平面的图形和立体的形体之间存在着二维平面与三维立体的差别。二维的形状只是长和宽的平

面特征，三维形体则增加了纵深感，是对形体"厚度"（空间）的体现，是不同方向的另外一个（多个）平面的介入造成了立体形体的产生。由此可以看出面与面的转折关系的存在造就了二维到三维的转化，对物体各个面转折位置的确定显然起到了至关重要的作用（图2.2、图2.3）。

图2.2 静物实景图

图2.3 结构的表现

结构素描，又称"形体素描"。它是素描表现形式中的一种表现方法，其特征是以研究和表现形体的结构为宗旨，多半以结构表现形体的穿插及构成关系。这种表现方法相对比较理性，主观意识占主导地位，可以忽视对象的体量和明暗等外在因素，但往往为了作品的生动性而用线条的浓淡、粗细、曲直、急缓、顿挫等去体现作者的情感以及对象的光影、质感等（图2.4—图2.9）。

图2.4 结构素描

图2.5 几何形体结构素描

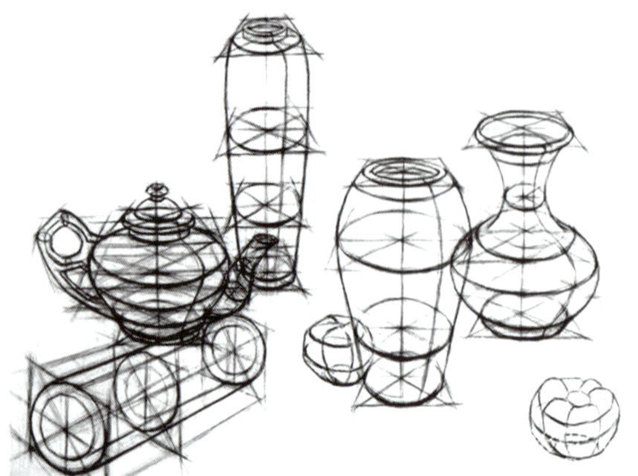

图2.6 静物结构素描

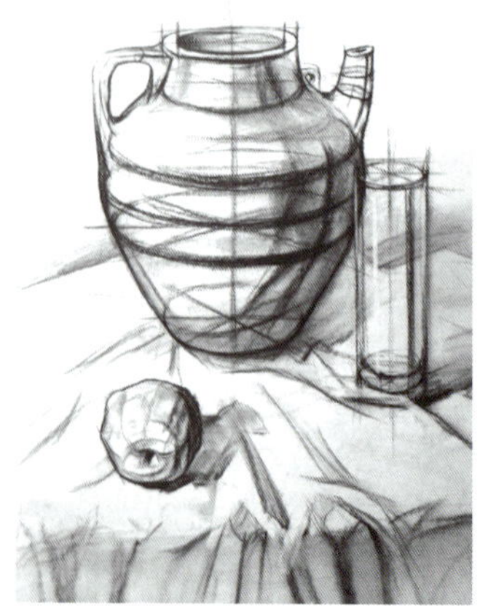

图2.7 静物结构素描

图2.8　头像结构素描　佚名

图2.9　人体结构素描　佚名

任务2　形体比例

比例主要指长度的比较和分割关系。它可以是物体自身之间也可以是几个物体之间。

一个物体的形体特征，是由其自身的比例决定的，一组物体给人的感受则是由组成其整体的各个物体的比例关系决定的。如果比例变了，它的形态特征也就变了，所以写实绘画中准确地掌握和表现形体的比例是至关重要的。

在观察和比较物体各部分比例时，往往以该物体的某一部分为单位，进而确定它们的关系。如画人体时，往往以头为单位，画头时则提出了"三亭五眼"的普遍规律（图2.10、图2.11）。

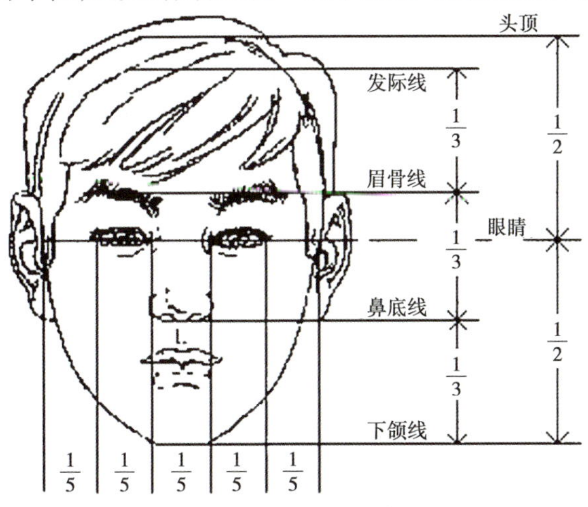

图2.10　头部比例："三亭五眼"

铅笔测量法：手拿铅笔的胳膊伸直，使铅笔所在的线与视线保持垂直状态，通过笔尖用一只眼睛看要画的物体的一端，移动手指到另一端，在铅笔上做好标记，一般都用大拇指按住，然后再和其他的物体或者是其他部分比较，得出它们的比例关系。

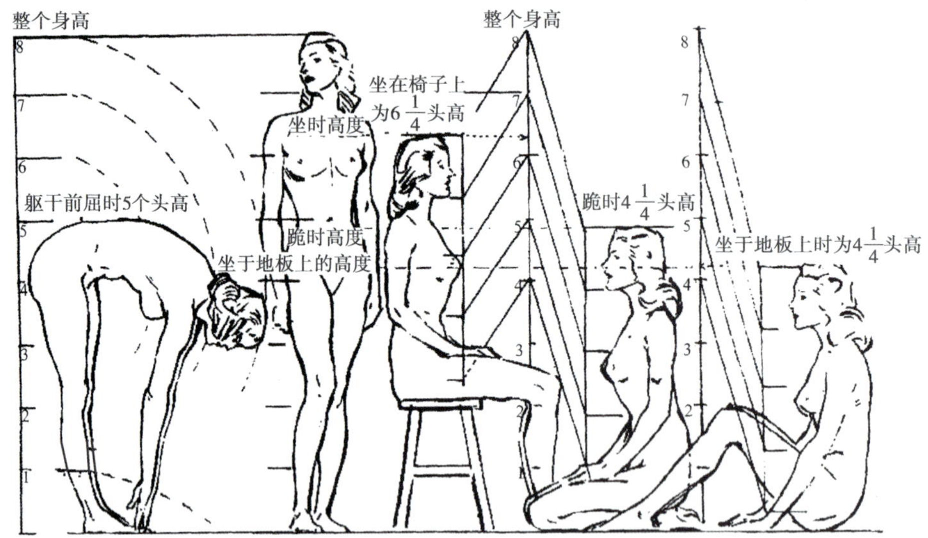

图 2.11 人体各种姿势的比例关系

表现确定比例关系的方法是先从整体出发确定大的比例关系,然后再确定局部的细小的比例关系。在写生时,要正确掌握比例关系,不能光靠测量的方法,主要是目测,要注意训练眼睛的观察能力和判断能力!

黄金分割:是一种数学上的比例关系。具有严格的比例性、艺术性、和谐性,蕴藏着丰富的美学价值。它最能引起人的美感的比例,其比值为 1∶1.618(图 2.12)。

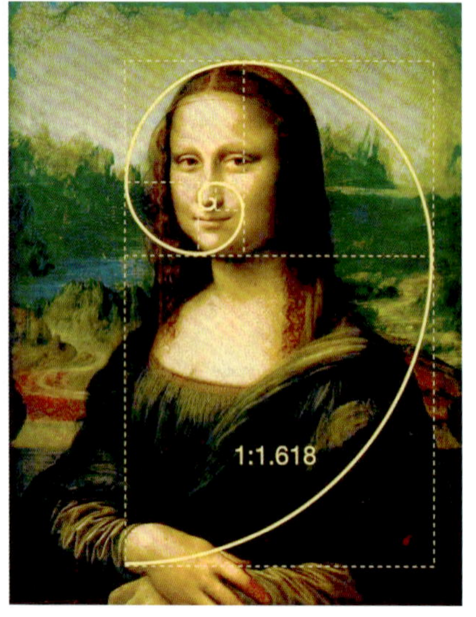

图 2.12 《蒙娜丽莎的微笑》
列奥纳多·达·芬奇

任务 3 透 视

"透视"一词源于拉丁文"perspclre"(看透)。它是人们在观察客观世界时,由于眼睛的生理原因而造成的物体近大远小的视错觉现象。源于绘画中"幻觉真实"的需求而总结出的视错觉变化规律即为透视学。它是将三度空间的形体,转化为具有立体感的二维空间画面的绘画技术。最初研究透视是采取通过一块透明的平面去看景物的方法,将所见景物准确描绘在这块平面上,即成该景物的透视图,它正确地反映了外界景物透视变化的现象(图 2.13)。

绘画透视有 3 种基本形式:平行透视、成角透视和倾斜透视。低于视平线为俯视,高于视平线为仰视。

透视的基本用语(图 2.14)如下:

(1)视点 人眼睛所在的位置。

(2)视平线 与人眼等高的一条水平线。

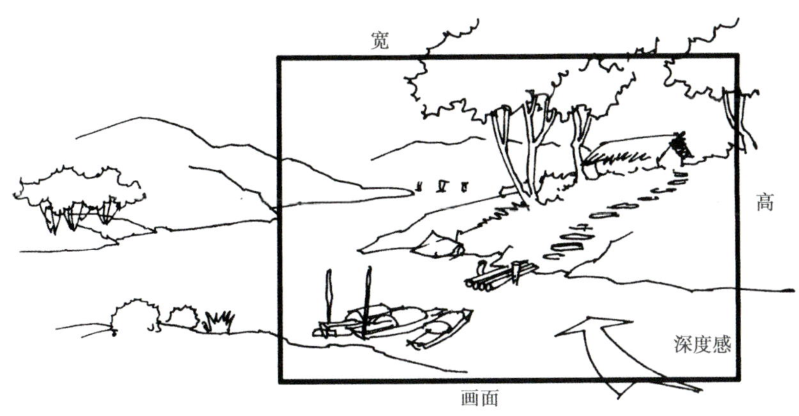

图2.13　透视的体现　佚名

(3)灭点　透视线的交点，即消失点。

(4)基线　画面与基面的交线。

(5)测点　可根据基线求取空间进深，辅助作图。

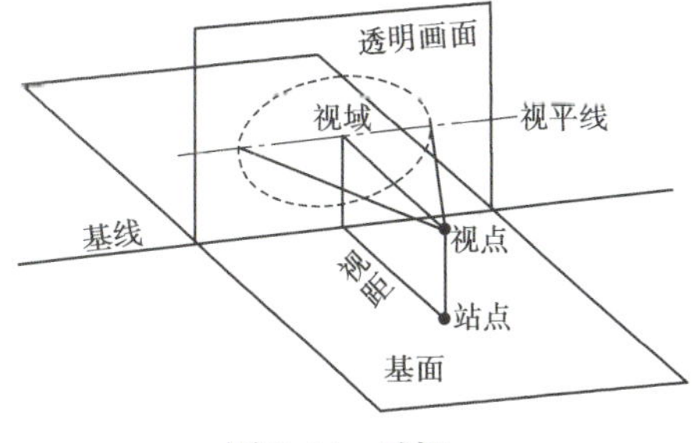

图2.14　透视

1)平行透视(一点透视)

在平行透视中，画面中的物体，水平线平行于画面，竖线垂直于画面，斜线消失于视平线上一点，即为平行透视，也称一点透视(图2.15—图2.18)。

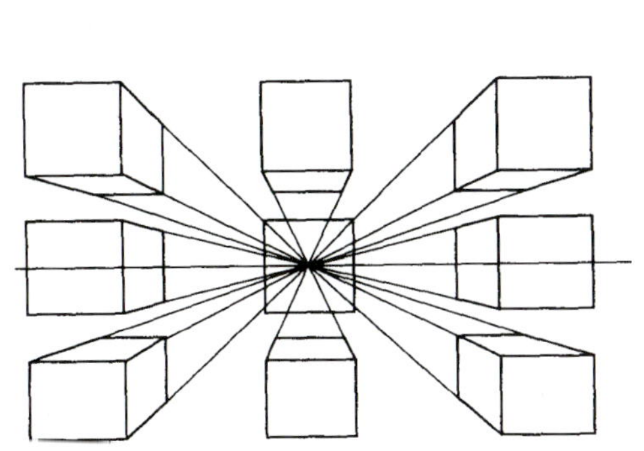

图2.15　一点透视

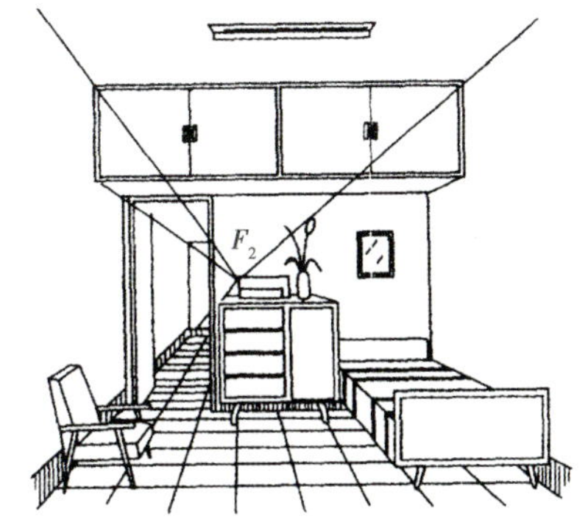

图2.16　一点透视运用

图2.17　一点透视室内运用

图2.18　一点透视景观运用

2)成角透视(两点透视)

在成角透视中,物体只有竖线垂直于画面,水平线倾斜并消失于视平线上的两个灭点,又称为成角透视(图2.19—图2.22)。

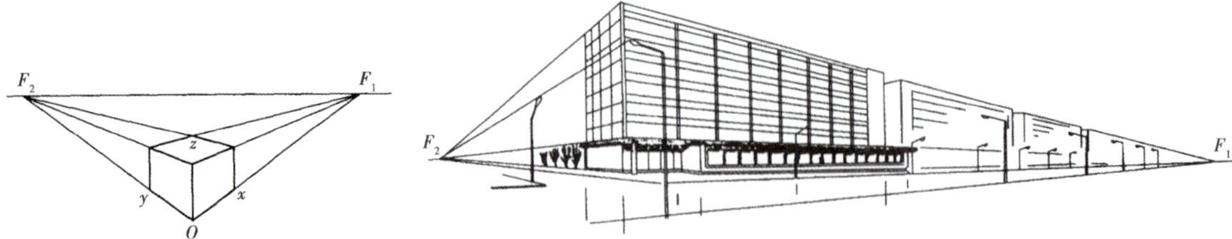

图2.19 两点透视图

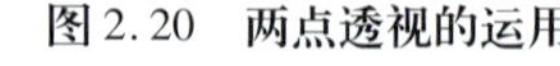

图2.20 两点透视的运用

图2.21 两点透视室内运用

图2.22 两点透视景观运用

3)倾斜透视(三点透视)

倾斜透视有两种情况,一是物体自身存在倾斜面,如楼梯、房顶、斜坡等,即产生倾斜透视;二是因视点太高或太低,而产生的俯视倾斜透视或仰视倾斜透视(图3.23—图2.26)。

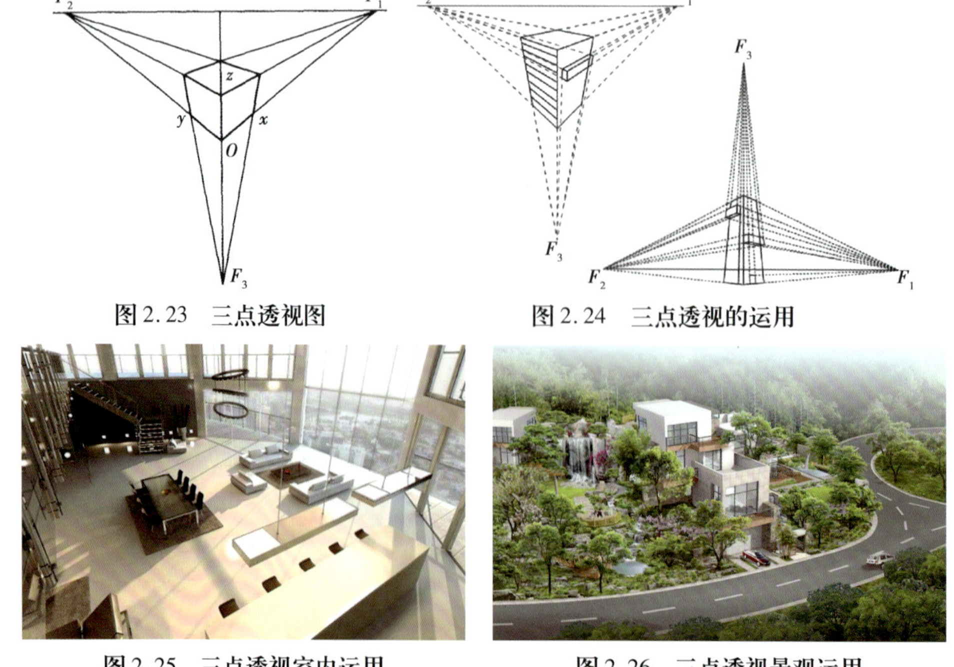

图2.23 三点透视图

图2.24 三点透视的运用

图2.25 三点透视室内运用

图2.26 三点透视景观运用

特征:方体的三个面都与画面和地平面成倾斜关系。有向上倾斜和向下倾斜,向上的倾斜线向视平线上方汇集,消失于天点;向下的倾斜线向视平线下方汇集,消失于地点。天点和地点均在灭点的垂直线上,只能看到3个面。

(1)俯视倾斜透视的特征　所画物像在视平线以下,呈现上大下小的透视缩形,原来垂直于地平面的线变成倾斜,并向地点汇集消失;原来向视平线汇集消失的变线向地平线汇集消失。

(2)仰视倾斜透视的特征　所画物像在视平线以上,呈现上小下大的透视缩形,原来垂直于地平面的线变成倾斜,并向天点汇集消失;原来向视平线汇集消失的变线向地平线汇集消失。

4)**圆的透视**(图2.27—图2.29)

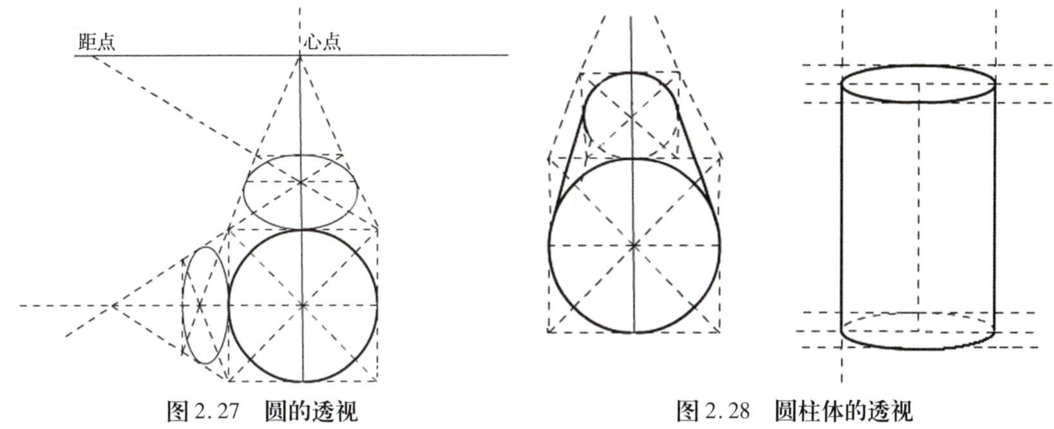

图2.27　**圆的透视**　　图2.28　**圆柱体的透视**

(1)圆面的透视　圆面透视是从立方体的方面透视变化而来的。圆面透视主要是圆面的弧形的透视,透视度和圆弧度变化的大小由距离视平线的远近而定,透视变形后的圆面形状为椭圆形,圆心在最长直径与最短直径的交点上,最长直径的半径相等。

(2)圆柱体的透视　圆柱体是由立方体变化而来的,因此圆柱体上的圆面的透视变化与立方体上的圆面透视变化一致。

图2.29　**圆的透视运用——漂浮于水面的大王莲**

任务4 构 图

构图就是艺术家为了表现作品的主题思想和美感效果，在一定的空间内，安排和处理形象的关系和位置，把个别或局部的形象重组的艺术。它是造型艺术表达作品思想内容并获得艺术感染力的重要手段(图2.30)。

图2.30 油画风景 佚名

1)构图的作用

理想的构图应该是能够准确地表达艺术家的情感及作品的主题，使人看后感觉舒服、赏心悦目。运用构图的变化与统一、对称与均衡等形式法则，正确处理物体的形状大小、角度距离、空间变化等因素引起的画面构图的变化，解决好画面的幅式、形体的位置、大小、方向和空间等问题，突出主题、表达美感，正是其目的和作用所在。

2)构图的法则

构图的法则是千百年来成功的艺术家承认和有效使用的指南和建议，是人类通过长期的艺术实践积累的"经验"，是对一切视觉因素进行组织的一般准则。

(1)变化与统一

①变化是相异的因素放到一起所造成的效果，如视觉元素形状、大小、方向、明暗、质感、色彩等的不同。它的实质是一种对比关系，趋于动感，给人以生动、丰富多彩的感觉，造成视觉上的跳跃，同时也能强调个性、突出主题。但是一味地追求变化容易形成杂乱、松散、缺乏秩序而失去美感。

②统一是构图中各因素之间的内在联系，是它们的相同或近似的地方，趋于静感，给人以安定祥和、有条不紊的感觉。但过分的统一易造成单调、乏味而失去生机。

在构图中，变化与统一是一种相互对立又相互依存的矛盾体，所有的构图都是在统一中求变化，在变化中求统一，关键是怎么样根据画面的需要寻找平衡点(图2.31)。

图2.31 伏尔加河上的纤夫 伊利亚·叶菲莫维奇·列宾

(2)对称与均衡

①对称是指构图中某些形象相对某个点或线成对等组合,是一种绝对平衡,是均衡法则的特殊形式。例如,以人体的正中线为轴,人体左右两边的结构要素眼、鼻、耳、手、足、乳等,它们在视觉上是绝对平衡的。对称的画面结构富于静感,呈现庄重、整齐的美感,处理不当会导致单调、呆板(图2.32)。

②均衡是一种不等形的等量,是一种心理平衡。就如同一只老式的杆秤,在提绳的两端物体的大小和重量都不相同,但秤杆却可以处在一种水平状态。均衡的最大特点是在支点的两侧的造型要素不必相等或相同,它富有变化,形式自由。均衡可以看作是对称的变体,对称也可以看作是均衡的特例,均衡和对称都属于平衡的概念。均衡的造型方式,彻底打破了对称所产生的呆板之感,而具有活泼、跳跃、运动、丰富的造型意味(图2.33)。

图2.32 最后的晚餐 列奥纳多·达·芬奇

图2.33 螳螂 齐白石

(3)疏密聚散

“疏可跑马,密不透风”,中国画家常借用这两句话强调疏密、虚实之对比,以反对平均对待和现象罗列,密与聚是画面上的实处,疏和散是指画的虚处,观者要能从画面上看出大的节奏感来(图2.34、图2.35)。

图 2.34　静物　保罗·塞尚

图 2.35　螃蟹　齐白石

3）写生中的取景与构图

在写生中无论面对眼前的风景、静物还是人物，首先要明确的是对哪个地方感兴趣，也就是绘画的重点、主题；接下来才是考虑画面的取景以及艺术处理，如对画面形象的取舍、添加等，运用构图法则突出主题，使画面呈现出美感，并能够表达出艺术家的情感（图 2.36—图 2.40）。

图 2.36　摄影　佚名

（兴趣点是在整组的草堆还是其中局部草堆所呈现出来的形体特征？）

图 2.37　静物　佚名

图 2.38　静物　佚名

竖高或纵向摆放的物体，一般要用立幅构图

扁宽或摆放形状接近变宽的形体，要用横幅构图

图2.39　构图

构图太小、会显得空旷，小气，重点不突出；构图太满，会给人堵塞的感觉

图2.40　静物　佚名

上窄下宽、左右均衡

任务5　明暗变化规律

明暗或称明暗调子，绘画术语，是指光线照射到物体上，由于物体各部分和光线的角度、远近以及物体本身的固有色的变化而产生的物体各部分的深浅不同。受光的部分会亮，背光的部分会暗，越接近光源，越接近直射越亮，反之亦然。这种明暗变化经过无数艺术家的总结就形成了现在所说的明暗调子。对它进一步提炼、概括就形成了"三大面""五大调子"，照射到方形物体上的"亮面""灰面"和"暗面"，以及照射到弧形物体上的"亮调子""灰调子""明暗交界线""暗调子"和"反光"。它是表达情感以及物体空间状态的一种方法，运用在写生的过程中，能够真实地再现物体在空间里的自然状态，是写实类绘画的一种重要手段。把画面涂黑不是目的，表现出其中的明暗变化以及不同，画出它们的差异，并依据所要表达的情感处理画面的基调才是我们要做的(图2.41、图2.42)。

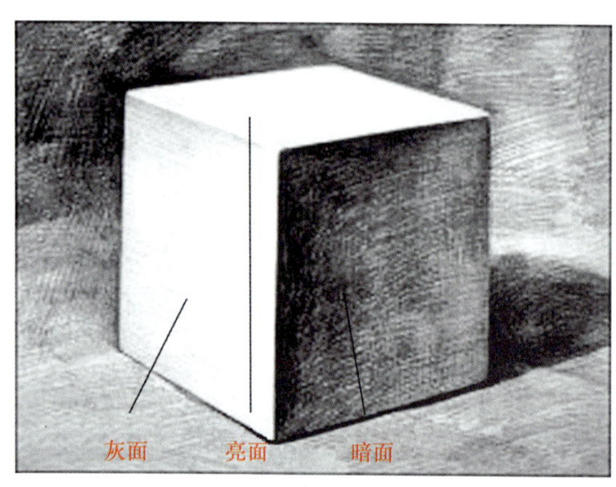

图 2.41　正方体的三大面

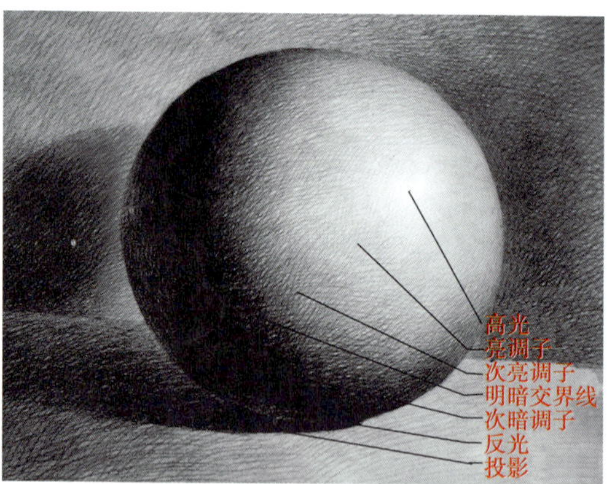

图 2.42　圆球体的五大调子

1）两大部

在光线照射下，物体明暗变化的两大部即受光的亮部和背光的暗部，是明暗变化的主要规律。任何复杂的物像受光照射后都具备明暗两大部的关系。亮部与暗部都是构成物体明暗关系的基础，所有局部细节的明暗变化都不能跳出这两大基本层次。

2）三大面

物体凭借着在空间中所占有的高度、宽度和深度而呈现出立体性特征，由此产生了在平面上表现物体立体性的“三大面”规律，即受光的亮面、背光的暗面、介于受光和背光之间的灰面，也就是习惯上所称的“黑、白、灰”三大面。在基本的几何形体中，立方体在光线照射下所呈现的黑、白、灰三大面关系，最为清晰规范，圆球体的三大面关系则最为特殊。

一般来讲，三大面的亮面的色调变化简单，暗面的色调变化含混，灰面的色调变化丰富。它们是构成素描总色调的基础——黑、白、灰的基本节奏。

3）五大调子

五大调子是指亮色调、中间色调、明暗交界线、反光、投影。亮色调与中间色调属于受光的亮部；明暗交界线、反光、投影属于背光的暗部。无论光源的强弱、角度、距离怎样变化，也无论物体体面起伏多么复杂，都不会改变五调子的排列秩序，它反映出了明暗色调变化的基本规律。

课堂训练

训练 1　用铅笔测量法测量人体各部分之间的比例（如头高和身高的关系）。

训练目的：掌握用铅笔测量物体比例的方法，以便为以后准确画出物体的比例做参考。

实施步骤：见教材。

训练 2　找出图 2.43 中两点透视的灭点。

训练目的：理解两点透视的原理，明确现实中水平线的变化规律，为以后在绘画中的运用做准备。

图 2.43　建筑风景　佚名

绘制步骤:

(1)仔细观察图中建筑,明确哪些结构线是现实中的水平线。

(2)找出同方向的水平线,并延长得出交点即灭点。

项目小结

本项目介绍了构图、结构、比例、透视、明暗绘画基础知识,目的是让同学们能正确理解所述概念,并能够在绘图中合理、正确运用。

拓展训练

训练 1

在一张 8 开纸上用简笔画形式绘制 20 个苹果,要求最少绘制 6 种不同的构图形式,体会构图对画面效果的影响。

训练 2

绘制一正方体的平行透视、成角透视的 9 种状态图。

目标考核

优:

(1)熟悉和了解构图、结构、比例、透视和明暗变化规律在绘画中的作用。

(2)熟练掌握结构、比例、构图法则、透视规律和明暗变化规律在绘画中的运用。

良:

(1)能够了解绘画基础知识。

(2)在绘画中能正确运用构图、结构、比例、透视和明暗变化的规律。

模块2

美术基础实践技能

项目3 素 描

［知识目标］

(1)了解学习素描的目的和方法,掌握素描写生的基础知识。
(2)掌握石膏几何形体、静物、风景素描的写生方法和步骤。

［能力目标］

(1)具备素描写生的观察能力和驾驭画面的能力。
(2)具备一定的造型能力、审美能力和形象思维能力。

任务1 素描基础知识

素描是一种单色的绘画形式,是用单色表现物体造型关系的艺术学科,是研究和表现事物最简捷的画种,是一切造型艺术的基础。素描不仅仅是形成画家正确观察方法以及思维方式所必需的训练手段,更是开启学生艺术想象力和创造力的钥匙。素描既是为美术创作收集素材、表现构思(包括工艺美术设计创意)的一种手段,又是具有独立审美价值的画种。

1. 素描的分类

1)按表现方法分

素描按其表现方法来分可分为结构素描和明暗素描两种(图3.1、图3.2)。

(1)结构素描　它是以线为主要表现手段,注重形体结构的研究和表现。如雕塑造型设计、园林风景区中的各种建筑小品的造型设计等,是园林设计者必须掌握的一种素描方法。

(2)明暗素描　它是以光影明暗为主要表现手段,注重形体体积塑造和空间感的表现。在结构素描的基础上,经过反复认真地对组线和复线进行组织、运用,借用黑、白、灰各种调子把景物的立体感、质感、空间感表现出来,在视觉上具有真实性。在设计中为真实表现景物或环境,多采用这一画法。

图 3.1　结构素描

图 3.2　明暗素描

2) 按绘画的题材分

素描按其绘画的题材来分可分为几何体素描(图 3.3)、静物素描(图 3.4)、人物素描(图 3.5)、动植物素描(图 3.6)、风景素描(图 3.7)、建筑素描(图 3.8)。这些素描都是在不同专业、不同部门根据各自需要而专门加以绘制的,一般美术工作者或初学者没有必要都去学习或去研究它。

图 3.3　几何体素描

图 3.4　静物素描

图3.5 人物素描

图3.6 动植物素描

图3.7 风景素描

图3.8 建筑素描

3)按功能性与目的性分

素描按其功能性与目的性来分可分为基础素描(图3.9)、习作性素描(图3.10)和创作性素描(图3.11)。

(1)基础素描　是初学者以掌握造型的基本规律、培养素描造型能力为目的的作业练习。

(2)习作性素描　也可称为研究性素描,是以美术创作为目的,表现创作构思的草图、正稿,以及以素描形式收集的场景、道具、人物等形式资料。

(3)创作性素描　是以完整地表达画家的创作意图,并以素描为其表现形式的绘画作品,也包括各种美术创作所作的素描稿。

图3.9 基础素描

图 3.10 习作性素描

图 3.11 创作性素描

2. 学习素描的目的

基础素描是一门以培养造型能力为目的的基础课程。所谓造型能力，具体地讲应包括两个方面：

(1)造型的认识能力　即研究和掌握客观物象的形体结构、透视变化、运动规律等。

(2)造型的表现能力　即运用造型的规律、法则以及造型语言等，在画面上真实地塑造和再现客观物象。

对于园林设计专业来讲，造型能力应该是创造能力或设计能力的同义语。因此，在基础素描的学习中，不仅要注重培养正确观察对象、理解对象和表现对象的能力；还要注重培养正确的思维方法，学会运用艺术规律和形式美的法则，以准确表达自己的艺术感受或设计创意的能力。

3. 学习素描的方法

初学绘画者进行素描的练习，是提高造型能力的必经阶段，可以通过临摹、写生(包括速写)以及默写等方法来训练。必须认识到画素描没有康庄大道，只有实践，所有的途径都离不开实践。

1)临摹

临摹，通俗地讲就是照着范画画。通过临摹一些优秀作品，尤其是一些大师们的作品，研究各种不同的素描造型方法和表现形式，以及有关造型艺术的法则和规律。可从中受到大师们的熏陶，揣摩大师们的技法，分析、理解大师们的认识，对于提高自身的艺术感受力和表现力，有着积极的促进作用。

2)写生

写生是直接观察和表现自然物体的一种绘画方式。通过写生过程来体现作者观察自然、表现自然的能力,从而使绘画理论和实践相结合,既加深了对理论的进一步的理解,同时对提高绘画的造型能力起着至关重要的作用。

3)默写

默写是一种独立的造型能力的培养和训练,根据对形象的理解和记忆去表现所见到的物体,更能刺激写生时的主动性,提高写生时的清醒状态。坚持在每一课题写生结束后,凭着记忆再默写,可以提高对形象的理解力、概括力和记忆力,是学习素描非常有效的一种方法。

4. 素描的工具材料及用法

1)素描工具材料(图3.12)

(1)素描用笔　画素描用铅笔、钢笔、毛笔、炭笔都可以,但初学者还是用铅笔更好些。由于铅笔的笔芯有软硬深浅之分,又能削得很尖,便于深入细致地刻画。"B"代表铅笔芯的软硬度,"B"前面的数字越大表示铅笔越软,色越浓;"H"表示铅笔芯的硬度,"H"前面的数字越大,表示铅笔越硬、色越淡。画铅笔素描的铅笔可选用2H~6B。6B~3B常常用来画暗部和画面上最暗的地方;2B~B一般用来画灰调子;HB~2H画亮部。不过有很多人画素描就用2B铅笔,通过施力的大小变化来改变深浅。

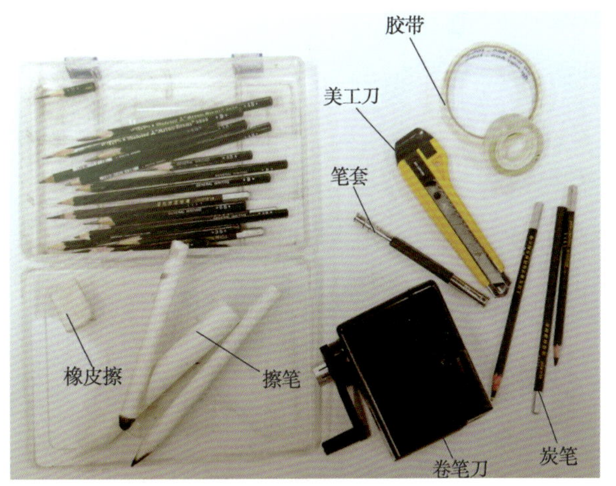

图3.12　素描工具

(2)素描用纸　画素描通常在专用的素描纸上进行,选用素描纸时,要注意纸质坚实、平整、耐磨、纹理细腻、不毛不皱、易于修改,如素描纸、铅画纸。太粗、太薄、太光滑的纸都不适合铅笔画素描。初学者使用的纸张大小以8开或4开为宜,16开大小的铜版纸和复印纸,则适合用钢笔、圆珠笔画素描。

(3)其他用具的要求　橡皮是修改绘画的辅助工具,使用得当能擦出一些特殊效果,它可以成为铅笔表现对象的补充材料。购买时应尽量选择厚的和柔软的橡皮,现在市场上还有一种橡皮泥,它的吸附力很强,便于修改画的暗部。

刀可以选择美工刀,削铅笔时注意不要将铅笔削得太尖。除了纸、笔、橡皮、美工刀外,学习素描还要准备夹纸用的夹子、画板、画架等工具。

(4)削铅笔　不要使用卷笔刀,因为卷笔刀卷出来的笔芯长度不够且四面光滑,对线条的表现不利,应使用小刀把外露的铅芯切成锥面,面与面之间的转折分明,这样的铅芯在作画时更能得心应手。

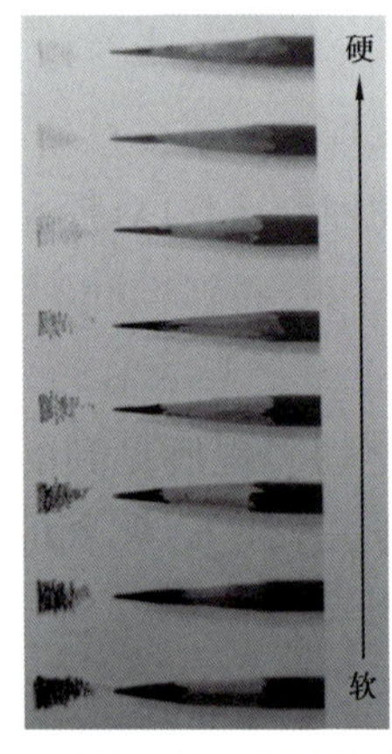

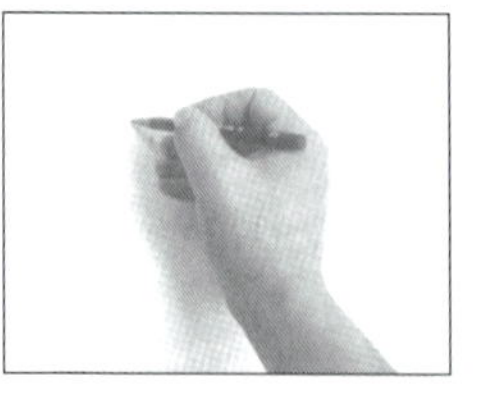
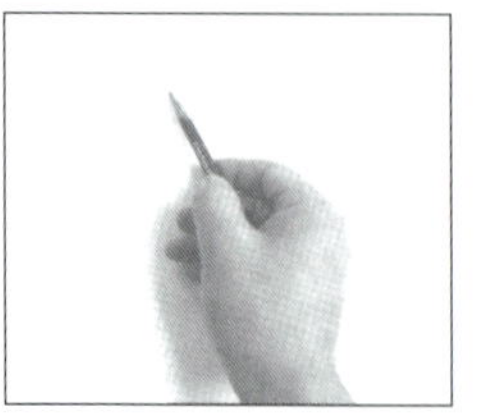
图 3.13　铅笔的性能和正确的握笔方法

2)素描工具的用法

(1)笔的用法　握笔的手要内空而松,方法有两种(图3.13),上面那种方法是大拇指在上,其余四指在下,手腕动起来画的范围会很大,以利于最大限度地调动指、腕、肘、肩的活动范围。下面那种方法和平时写字的拿法一样,为了不摩擦已画过的地方,可用小拇指作支撑,便于描绘细微的地方。掌握轻松自如的握笔方法,才能保证画素描时运笔流畅、速度平稳、轻重自如,也是画好素描的关键。

(2)画板、画夹、画架的用法　正确的写生姿势有助于整体观察和表现方法的运用。在绘画时身体应与画板相距一臂左右,画板与视线成90°角。画夹的大小如画板,可当画板使用,携带作品方便。如有条件,画板放在画架上最好(图3.14)。若没有画架,画板放在大腿上也可以(图3.15)。画架一般放置在绘画者的右前方。画者与写生对象之间的最佳距离通常是对象高度或宽度的3~5倍,良好的习惯有助于绘画技能的提高。

图 3.14　画板放在画架上的作画方式

图 3.15　画板放在腿上的作画方式

5. 线条的组织

线条是素描的表现语言,形体的外轮廓线和主要结构线是素描中线条语言的客观依据。另一方面,线条的构成,也受到画者对客观形象的主观感受、印象、理解和审美趣味等因素的影响和制约。素描中的线条既表现客观形象的主要特征,也可以表现作者的激情、感情和艺术风格等。总的来说,客观形象的特征和主观表现的结合,即是素描线条的构成原理。

在素描中,线条是素描的基本因素之一,它的作用是定位置、起轮廓、划分比例、表现光感和体积、刻画形体特征和表达质感。由于素描艺术的需要,线条应有主副、浓淡、虚实、曲直、刚柔、粗细、枯润、光毛、疏密等对比变化。

线条是素描训练中塑造对象的主要手段。对初学者来说,掌握线条的曲直轻重极为重要。在练习线条过程中，要注意用笔的方式，落笔时要体会手、腕、肘的运动对线条的影响，画出线条轻重、浓淡、疏密的关系，让线条在平稳、自然、有序、顺畅中得到轻松的展现。正确的排线是两端轻，中间重的线条，方向一致，疏密匀称，能变换排线方向，一层一层加深，切忌乱涂(图3.16)。

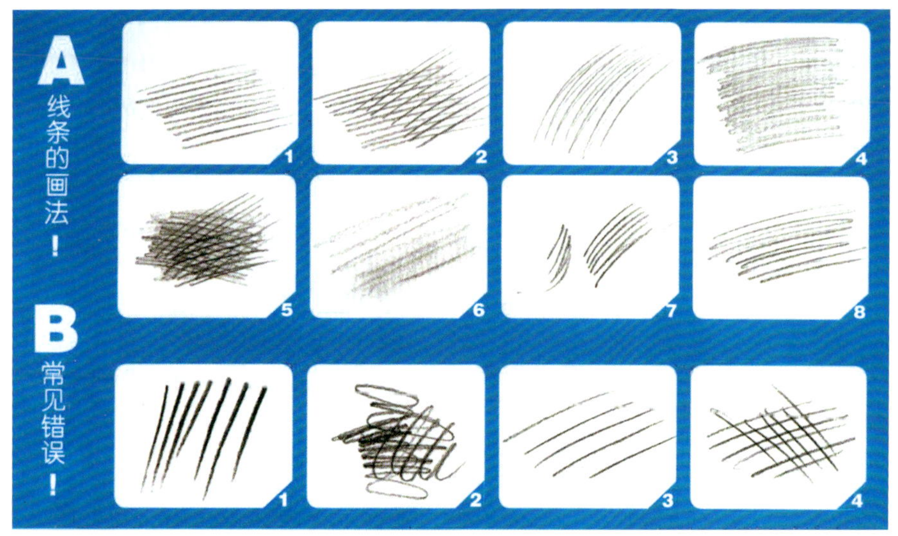

图3.16 线条的正确和错误画法

线条练习的方法有很多，这里我们着重介绍3种：

1）长直线的练习

要点：线条要轻、细、直。拿在手中的笔，像是手臂的延长线。运动时，腕关节不动，手臂关节带动肘关节自上而下运动。

2）两点连一线的练习

要点：在纸上任意定几个点，用直线把任意两个点连接起来，以此来训练打线条方向的准确度。可以先短距离后长距离地做练习，画不准可以重新起笔连接，直到能够比较顺畅地画长的直线，注意不可以用短线断断续续地去连接。

3）排线的练习

要点：排线一般是在给大块面上色调时用的，前面提到过练习长线条时腕关节不运动，而做排线条时，腕关节就必须运动起来，要求是“两头淡中间深”，用力均匀。在做线条的交叉重叠练习时，初学者应尽量避免使用十字交叉。因为素描存在“明暗五调子”，因此在做排线练习的时候，我们也可以使用排线做从深到浅的线条练习。

线条练习看似简单，但它却是素描入门的基础之基础，要引起同学们的重视并多加练习，应注意以下几点：

①一般是由上到下斜着画下来。注意落笔、起笔要虚，中间要实，线条不要画死板，避免出现“硬口”。

②线条排列整体有序，要紧密、均匀。

③线条走向要统一，又要有适当变化。

④根据物体不同面的转折与质感，可活泼使用线条。

任务 2 石膏几何形体素描

几何形体是世界上最概括、最单纯的形体，通过它我们可以掌握一切复杂形体的造型规律。把一切复杂形体用几何形体加以概括，就能迅速抓住任何复杂形体的“形的本质”，从而获得科学的造型依据，并能使用恰当的绘画语言进行表现。

在石膏几何体写生的造型过程中，最重要的是学习和理解各种石膏几何体的形体特征，掌握正确的观察方法和规范的写生步骤。

1. 观察方法

要提高我们的观察力，就必须掌握正确的观察方法。有什么样的观察方法就有什么样的表现方法。因为观察的过程就是对客观物象进行分析、判断的思维过程，而表现方法也即是观察与思维的结果。因此，掌握正确的观察方法是提高观察力的重要途径，是培养和提高素描造型能力最重要的一步。

1) 整体观察

整体观察是科学观察方法的核心（图 3.17），就是要从整体着眼，从整体着手。局部是整体的一部分，受整体的制约。从整体出发进行观察，才能获得包括结构关系、体面关系、比例关系、明暗关系、空间及透视关系等在内的各种关系的正确认识，也才能更准确地把握局部，更完整地认识整体。素描造型初学者最易犯的毛病就是从局部着眼，局部着手，以致造成形体、结构、比例、色调、透视等方面的错误。局部观察的方法会严重阻碍认识能力的发展，阻碍造型能力的提高。

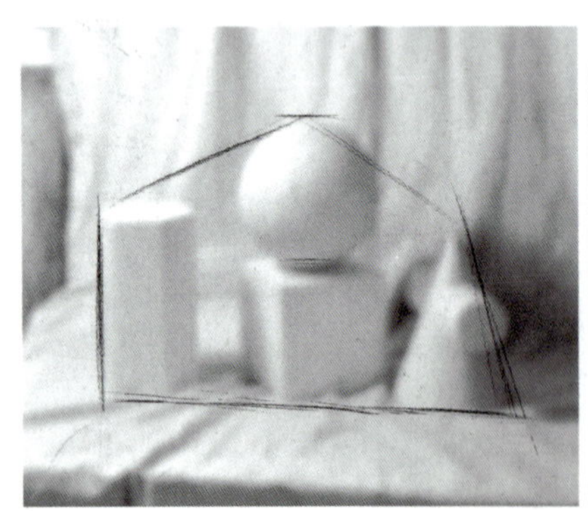

图 3.17 整体的观察方法

2) 比较观察

没有比较就没有鉴别。对于整体来讲，局部与局部之间、整体与局部之间是相互依存、相互制约、密切联系的。为了准确把握整体与局部的这种依存与制约的密切联系，就必须通过比较（图 3.18）。

比较观察应注意以下几点：

图3.18 比较的观察方法

①要整体比较,即是要从整体出发,进行局部与整体比较,在整体的制约下进行局部与局部比较。离开整体去进行比较,往往会“差之毫厘,失之千里”。

②要全面比较,即是要根据素描造型的要求,对表现物象结构与形体的各种关系,进行全面的比较。

③要反复比较,即是要将比较贯穿于素描造型的始终,随着造型程序的推进将比较引向深入。

3)本质观察

本质观察就是必须牢固地树立结构与形体的概念,因为结构和形体始终是素描造型的本质,紧紧把握结构与形体这一本质的不变的因素去观察、分析反映于物象外部的各种关系。

从整体而不是局部的、比较而不是孤立的、本质而不是表面的去观察,才能获得对客观物象的正确认识,这是素描造型的前提,是准确地再现客观物象的基础。

4)透析观察

透过表面,透析到物体的形体结构,这需要我们对物体的形体结构有深刻的理解,才能表现好所画物体的内部结构。透过现象看到本质,透过衣纹看到人体结构。特别是在画速写的时候这个方法很重要。因此我们也要深入地学习透视解剖学。

2. 石膏几何体写生的方法和步骤

石膏几何体写生的方法和步骤,概括起来就是“整体—局部—整体”,即先整体,后局部,从整体出发刻画局部,以局部刻画充实整体,最后再回复到整体的作画方法。

1)单个几何体写生(图3.19)

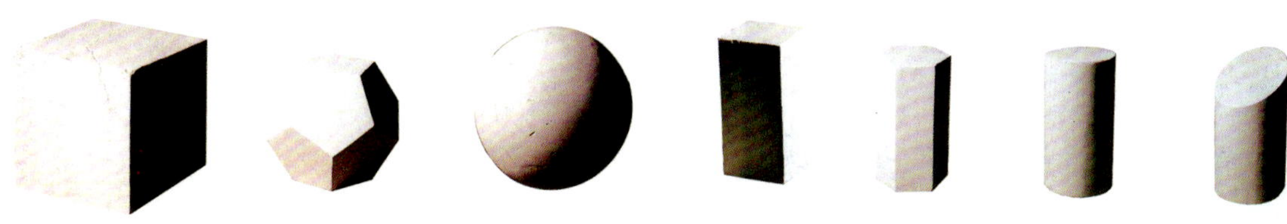

图3.19 单个石膏几何体

我们选择立方体作为我们写生的第一个课题,是由于一切立体的形体,无论它是简单的还是复杂的,都必须由前、后、左、右、上、下6个方向不同的面组成。而在所有形体中,立方体是最为典型的六面体。

立方体写生不仅是要把它表现出来,更为重要的是通过学习,掌握正确的观察方法和造型的基本规律。经过严格的、科学的写生实践,使我们初步掌握正确的素描方法。

立方体写生示范及步骤(图3.20):

①定构图。用长直线确定立方体的位置,先定高度和宽度,用方形进行概括,这就是立方体的基本形,再切去方形的四角,画出立方体的外轮廓(六边形)。注意构图的视觉美,一般要上紧下松、左右均衡。利用水平线与垂直线纵对横连,找准各突出点相互间的比例关系。

②画结构、查透视。先画出看得见的三大面,再画出它的内在结构(看不到的三块面)。查立方体的透视消失关系;查4条垂直线的近长远短的透视变化。

③画大明暗。用明暗色调来塑造对象的体积和空间,首先必须拉开明与暗两大对比关系,画出大的暗面。

④分黑、白、灰。在拉开大明大暗的基础上,加上大的灰面。同时必须加强大的暗面,形成画面大的黑、白、灰层次。

⑤深入刻画,调整完成。加上亮部的灰面,进一步深入刻画暗面与灰面,不断调整各种关系,直至完成。

正方体图片

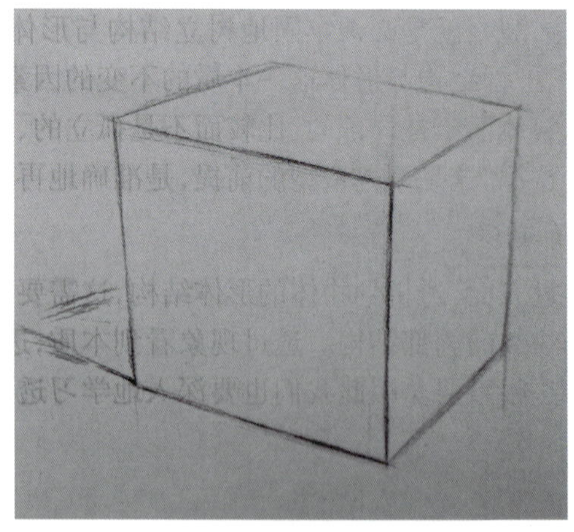

步骤一

步骤二

步骤三

步骤四

图 3.20 正方体的写生步骤

图 3.21 为圆球的写生步骤。

球体图片

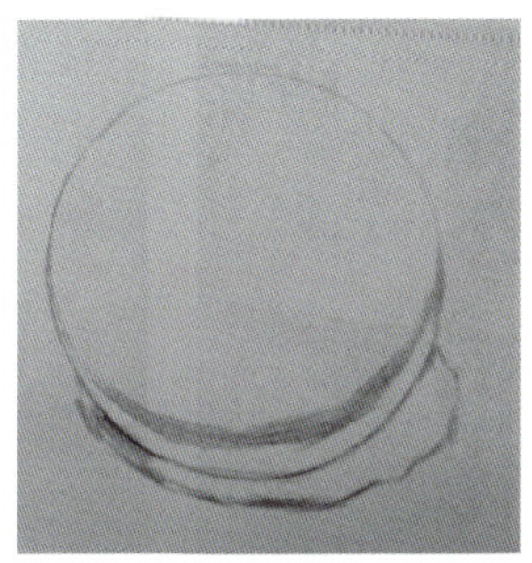

步骤一

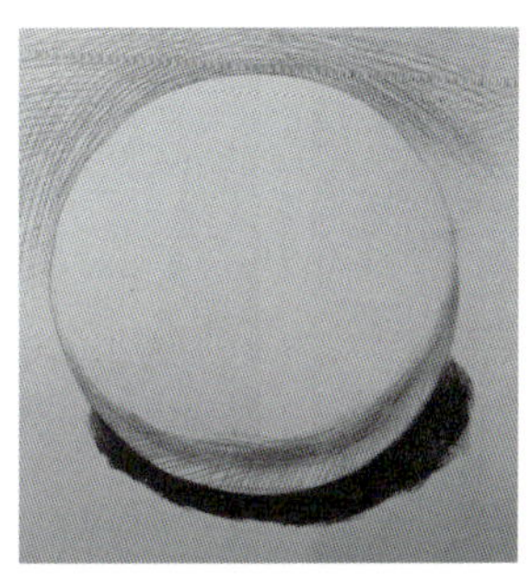

步骤二

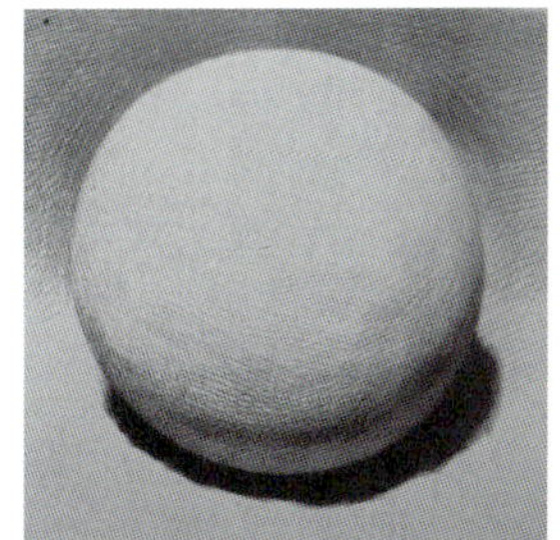

步骤三

步骤四

步骤五

图 3.21 圆球的写生步骤

穿插体的写生步骤如图 3.22、图 3.23 所示。图 3.24 为多面体的写生步骤。

穿插体图片

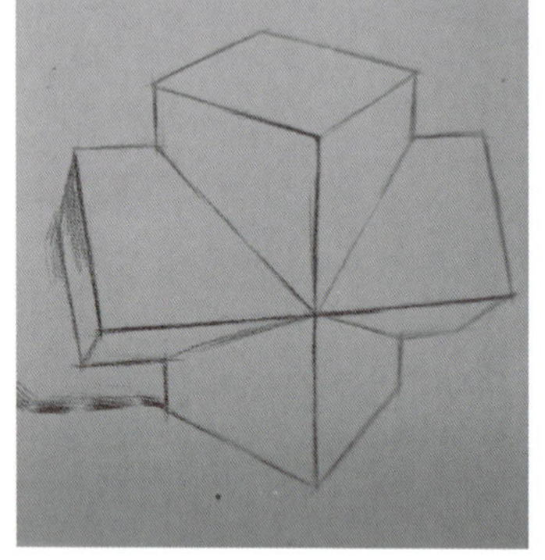

步骤一

步骤二

步骤三

步骤四

图 3.22 穿插体的写生步骤(一)

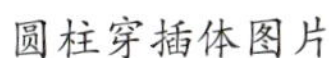

圆柱穿插体图片

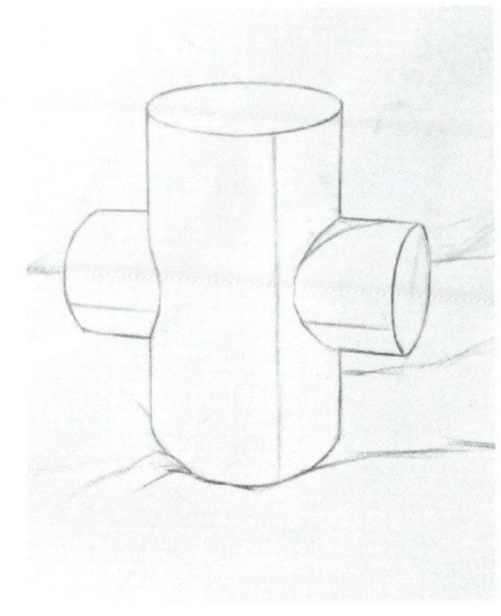

步骤一

步骤二

步骤三

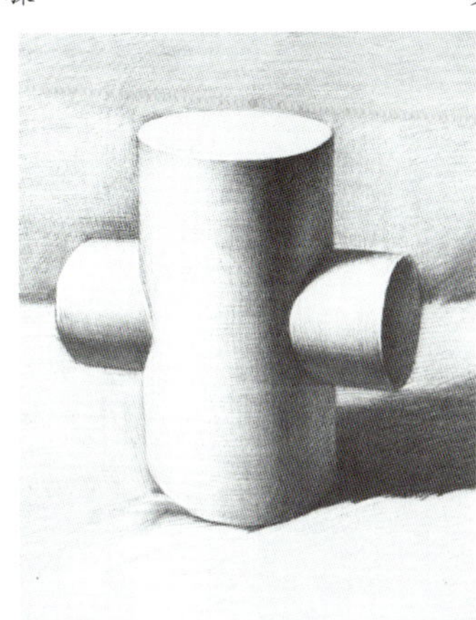

步骤四

步骤五

图3.23 穿插体的写生步骤(二)

图3.24 多面体的写生步骤

2)组合几何形体写生步骤(图3.25)

几何形体组合图片

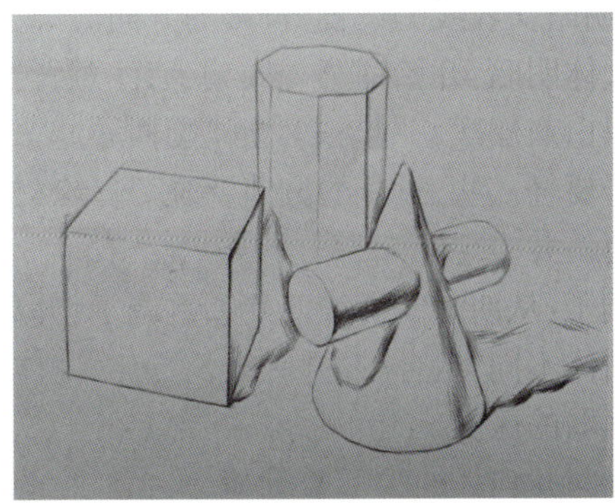

步骤一

步骤二

步骤三

图3.25 几何形体组合写生步骤

①定构图:先将3个几何体当作一个形体来看,定出画面的高、低、左、右点的位置,根据光源,统一出明暗交界线的位置、投影的方向。

②画大体明暗:开始铺第一层调子,注意背光面的调子要和背景一起画。在铺大调子阶段不用细分黑白灰层次,一起深入会使画面看起来更加整体。最初表现几何体明暗关系时,铺设的明暗调子要轻一些,投影的方向要统一。除衬布上的投影外,背景中的、球体投射到长方体上的投影也要一并表现。

③铺调子:从明暗交界线开始加重调子,并向灰部过渡,亮部可以先不画,作留白处理。与画单个几何体不同,组合中的圆锥、长方体、球体的明暗应根据光源方向,所处的空间位置不同,对象间有强弱的区分。

④背景与几何体的关系始终是一明一暗。光源从右侧顶面照下来,每个几何体的右侧有一部分处于亮部,因此,背景衬布右侧色调偏深,左侧偏亮。整个背景的用笔应放松些,做整体虚化处理。这一原则要贯穿到整个作画过程中去。

⑤通过明暗调子塑造形体时,受光面的边缘线要适当用橡皮轻轻减弱;而形体受光面的边缘线则需要加强。用对比画法来确定组合中各个物体之间的明暗关系,深浅程度,把握好画面的整体调子。

⑥深入刻画:从整体出发,检查物体的体积感、质量感、空间感、画面主次关系、虚实关系等是否到位、正确。完成作品。

3)**素描几何形体组合作品欣赏**(图3.26—图3.31)

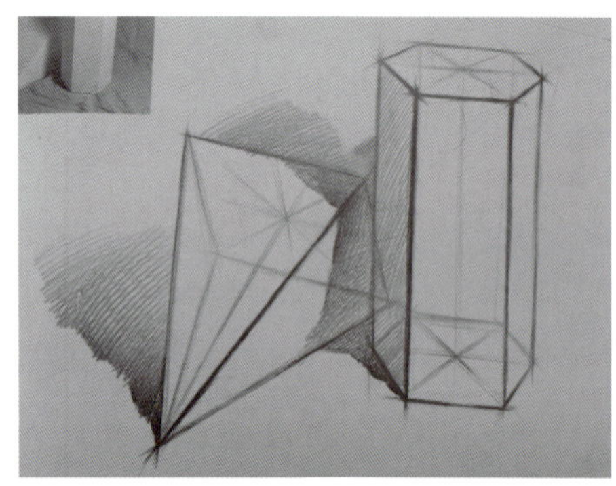

图3.26

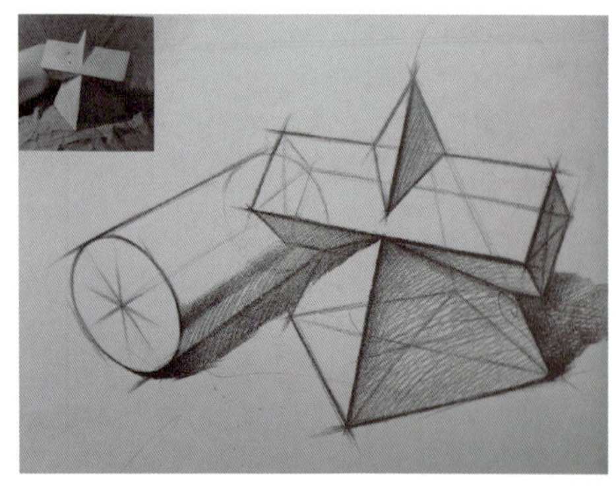

图3.27

图3.28

图3.29

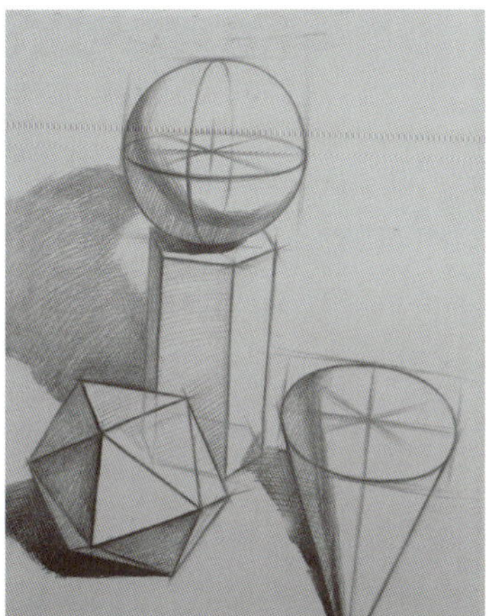

图3.30

图3.31

任务3 静物素描

1. 怎样学好静物素描写生

1) 建立正确方法

强调方法程序，就是要在思维方式上有一个正确的认识和把握。

一项工作在明确了它的任务之后，就得有一个具体完成的程序。选择什么样的程序，对于工作完成的好坏起着决定性的作用。程序就是操作方法的过程，有着极强的技术性和逻辑性，只有掌握了一套正确的操作方法，才会使我们的学习少走弯路，顺利达到目的。

2) 树立审美意识

任何客观事物出现，观者都会对它产生各种感觉，形成一个印象，对于一个艺术工作者(包括学生)来说，感觉就更为重要，他与常人感觉不同的是美感意识尤为突出。艺术工作者通过感觉去审视事物时会获得一个鲜明印象，产生情感倾向，并在实际的操作过程中将其体现出来。人的审美能力有先天的高低之分，但更多的是后天的学习与培养。要提高我们的审美能力，就必须树立审美意识，审美活动是伴随我们的作业进行的，通过不断的实践，审美的能力与技术的能力将得到同步的提高。

3) 捕捉美感

感觉的过程是艺术的起步阶段，也是审美过程。

美在哪里？在简单的静物中很容易感到迷茫，美存在于客体之中。作业前做仔细的观察，会在物体的组合上发现它的节奏起伏美、各物体的形体特征美、光照下的明暗美、远近空间的层次美、质地不同的质感美，这诸多因素将促使我们产生一个鲜明的印象，并产生作画的欲望和冲动。作画过程始终受到其调控支配，在无情感的状态下作画，是十分被动的，不会产生让人激动的画面。

素描是绘画的基础，美感是其基础的核心，以感性激发理性，理性去体现感性，只有建立在美感上的基础训练，才是我们所需要的训练。艺术以情动人，以美取悦于人，艺术的一笔一画、一招一式，都是以美的需要而运行的。

4) 把握整体

整体与局部是一对矛盾的统一体，任何一个局部只有在整体协调下才具有意义，而充满丰富细节的整体才是具体实在的。整体的意识是操作过程中的核心思想，它将全面考虑、衡量画面的每一部分，进行反复的比较，不断地调整，控制画面的进程。如此的左顾右盼需要巨大的心理力支撑，与之看一个地方画一个地方的状态是无法相比的。画面控制力的高低，是表现能力的集中体现。如果整体能力不够强，会使画面留下许多遗憾。

5) 掌握自然属性的两大规律

在平面上进行三维空间的立体塑造，必须依赖两大自然规律——透视、明暗。

(1)透视规律运用　正确地描绘出在特定视角下的物体透视变化，就能描绘出物体的形态。

(2)明暗规律的运用 正确地描绘出光影下明暗变化,就能塑造出体积空间。

2. 单体静物的写生

1)单体静物写生步骤(图3.32)

①定构图。先将苹果当作一个几何形体来看,定出画面的高、低、左、右点的位置,注意观察苹果的特征,上大下小。根据光源,统一出明暗交界线的位置及投影的方向。

图3.32 苹果写生步骤

②画出大体明暗。开始铺第一层调子,注意背光面的调子要和背景一起画。苹果的挖槽部分的明暗关系要观察仔细,不能画错,它与苹果本身的明暗关系正好相反。在铺大调子阶段不用细分黑白灰层次,一起深入会使画面看起来更加整体。最初表现静物明暗关系时,铺设的明暗调子要轻一些,投影的方向要统一。

③铺调子。从明暗交界线开始加重调子，并向灰部过渡，亮部可以先不画，作留白处理。

④通过明暗调子塑造形体时，受光面的边缘线要适当用橡皮轻轻减弱；而形体受光面的边缘线则需要加强。用对比画法来确定物体与背景之间的明暗关系、深浅程度，把握好画面的整体调子。

⑤深入刻画。从整体出发，检查物体的体积感、质量感、空间感、画面主次关系、虚实关系等是否到位、正确。完成作品。

2）**单体静物写生范例**（图3.33—图3.38）

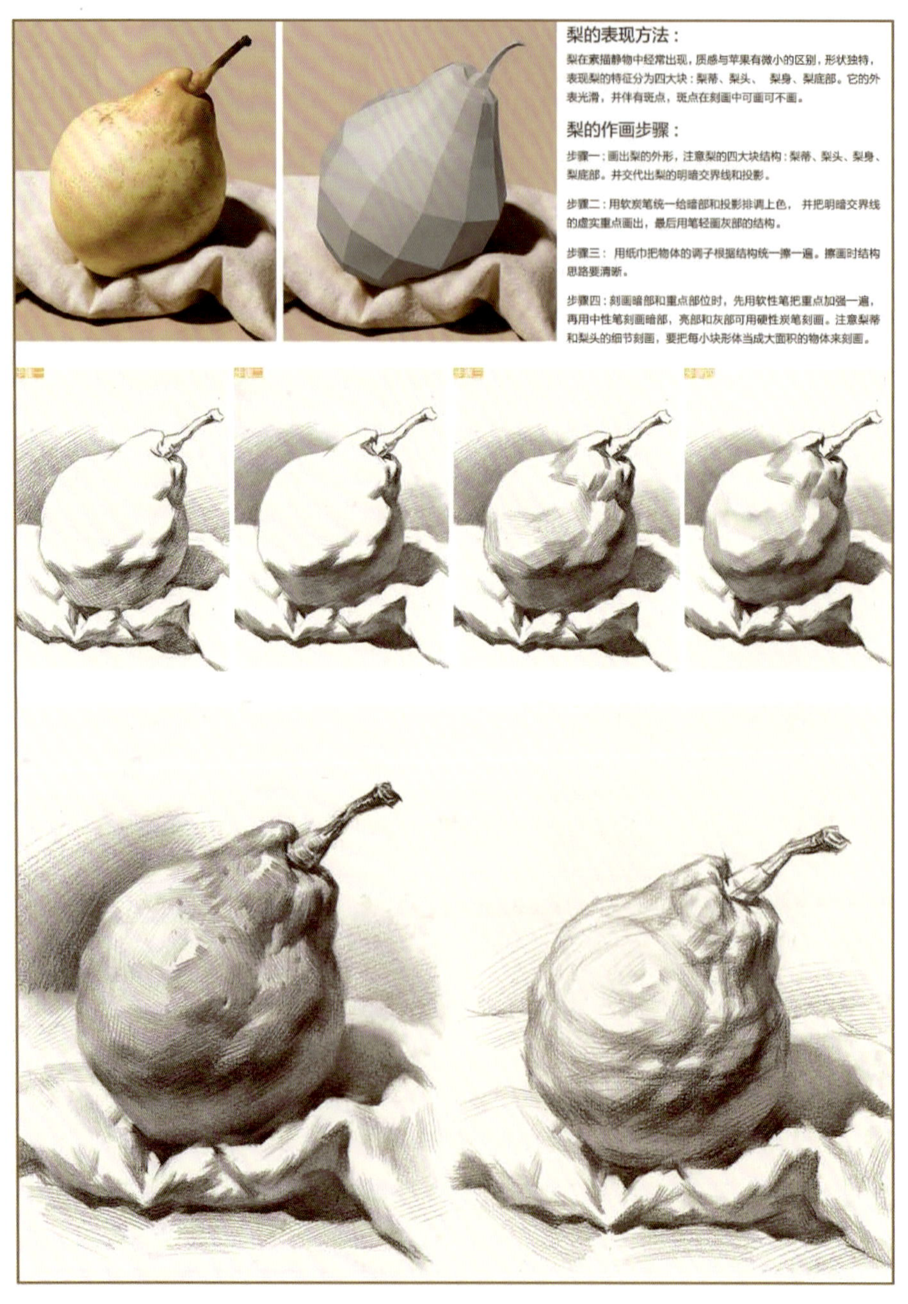

图3.33 梨的写生步骤

图3.34 西红柿写生步骤

陶罐类
陶罐的表现方法：首先，要观察罐子是由几部分组成，还有它的釉色，如右图解剖图所示。然后再分析每个局部体块的明暗交界线和投影的形状。最后根据所分析的结构作画。
陶罐的作画步骤：
步骤一：用较虚线勾勒出罐子的形体特征和明暗交界线，明确暗面和投影方向。
步骤二：用软性炭笔把罐子的黑白灰关系加强，罐子由不同釉色组成，铺调子时要区分色调，此步的亮面先保持空白。
步骤三：用纸巾顺着结构统一擦画暗部和投影，明确区分亮面和暗面的光影关系，要保持上一步的结构体块。
步骤四：在上一步的基础上进行罐子的细节刻画， 先加强暗部和投影， 其次画灰面的过渡体块形体，最后再把亮部的体积关系画出，注意整体画面的黑白灰关系 确。

图 3.35　罐子写生步骤

图 3.36 罐子成品欣赏

3. 组合静物

1）组合静物写生步骤（图 3.37—图 3.39）

图 3.37 组合静物写生步骤

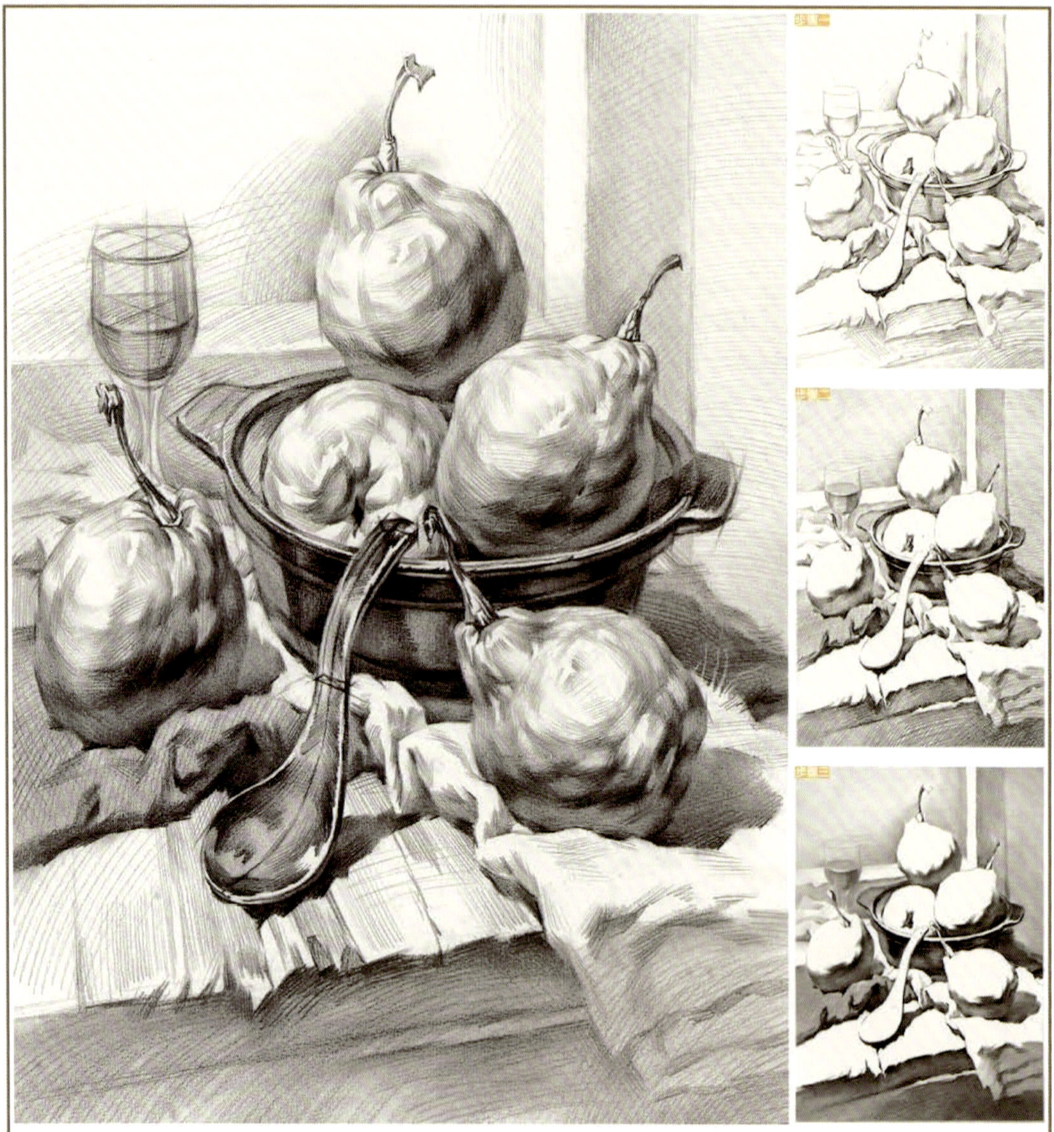

作画步骤：

步骤一：起形阶段用虚线确定物体的大小位置，物体错落有致，比例协调，画面稳定均衡。

步骤二：结合实物照片确定画面的黑白灰次序，从暗面开始，顺着物体的形体结构迅速地铺出画面大的黑白灰关系。把高光位置留白，排线要根据物体形态走，疏密方向尽量一致。

步骤三：整体揉擦，用纸巾或纸擦笔把暗面统一擦一遍，明确亮暗的光影关系，在明暗交界线的基础上，着手灰面及亮面的过渡，加重暗部，暗部注意透气性，不要画得太黑，并注意暗部和投影的色阶变化。

步骤四：根据物体的形体结构在物体的亮面可以用纸巾或手指抹出一层灰面，留出亮面和高光位置不画，擦过之后再排一层调子。

步骤五：深入刻画，调整画面的虚实关系、对比关系以及整体的主次关系，注意每个梨子的形态特征和朝向，区分主次和空间关系。

图 3.38　组合静物写生步骤

步骤图学习

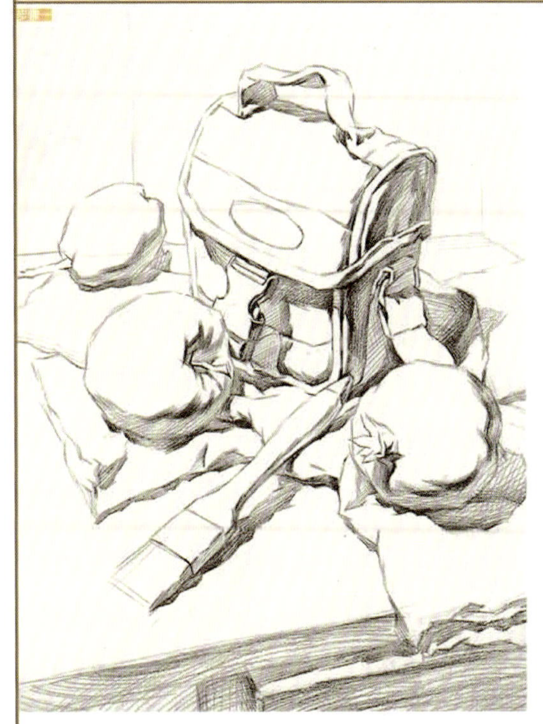

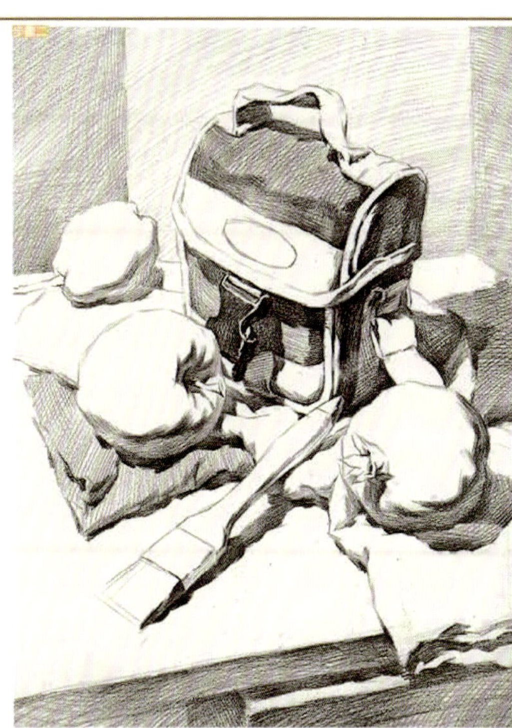

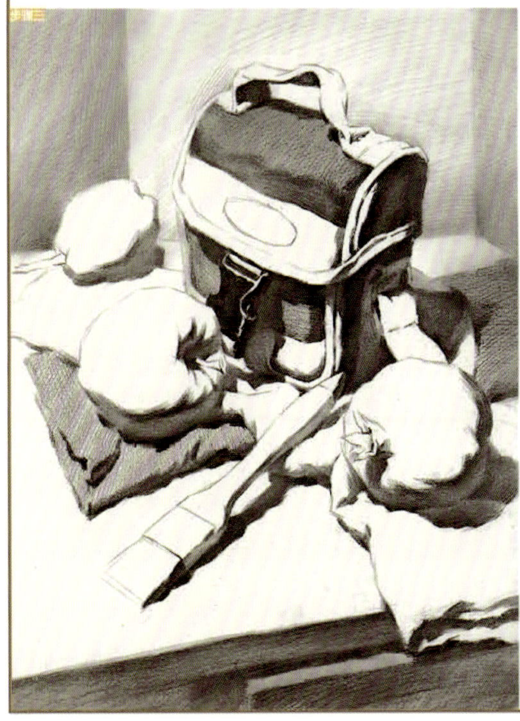

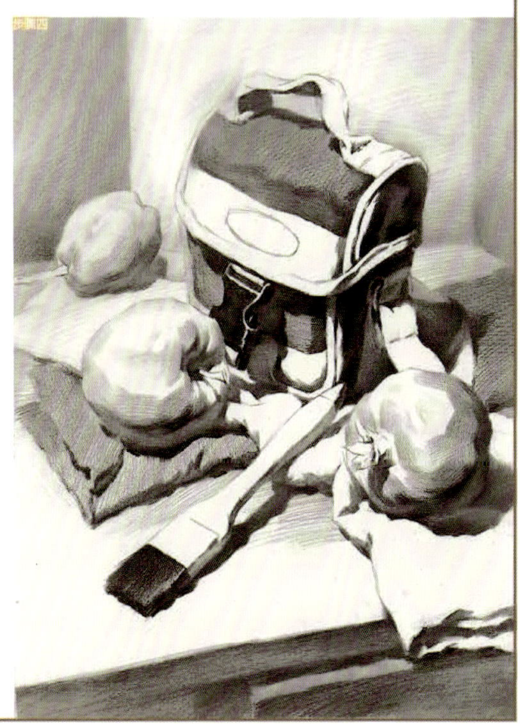

图 3.39　组合静物写生步骤

①认真观察作画对象，定出物体在画面中高、低、左、右点的位置，根据物体的结构以及特点起形，观察光源，统一出明暗交界线的位置、投影的方向。

②画出大体明暗。开始铺第一层调子，一定要整体作画，背景与物体的明暗同时进行，物体暗部的明暗调子要与背景同时画。在铺大调子阶段不用细分黑白灰层次，一起深入会使画面看起来更加整体。

③从明暗交界线开始加重调子,并向灰部过渡,部分亮部可以先不画,作留白处理。表现陶瓷器皿时,受光源的影响,反光强,特别是浅色类的陶瓷器皿,背光部分受到环境色的影响也很明显,要注意将反光表现出来。拉开大的色调关系,把不同物体的明暗层次区分开来。

④背景较亮,但由于空间位置的不同一定要虚一点,把握好物体之间虚实、主次关系,不能同等对待。

⑤深入刻画阶段要注意物体透视原理,特别是对明暗形成转折的部位要处理好。背景和罐子也可以用擦布擦一下,色调会更加细腻。强调主要物体,衬布不宜画得太琐碎,白色衬布不能画得太重,亮部也可利用橡皮擦出丰富的调子。

⑥从整体出发,检查整幅作品,看看物体的体积感、质量感、空间感、画面主次关系、虚实关系等是否到位、正确。完成作品。

2)**素描静物组合作品欣赏**(图3.40—图3.51)

图3.40 结构素描作品

图 3.41　结构素描作品

图 3.42　结构素描作品

图 3.43　明暗素描作品

图 3.44　明暗素描作品

图3.45 静物素描作品

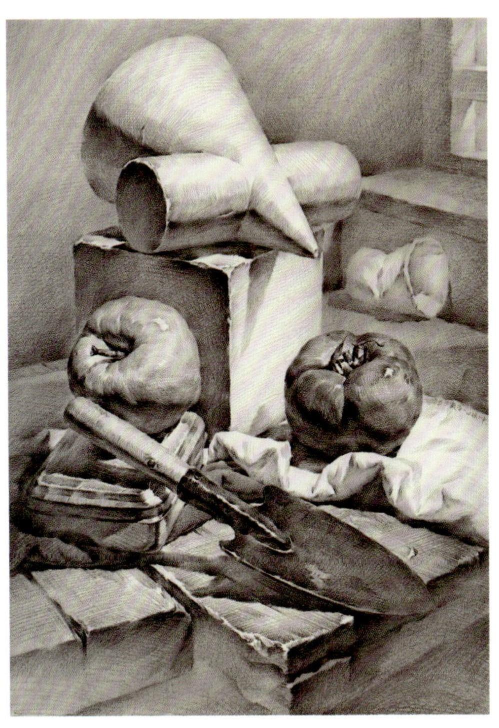

图3.46 静物素描作品

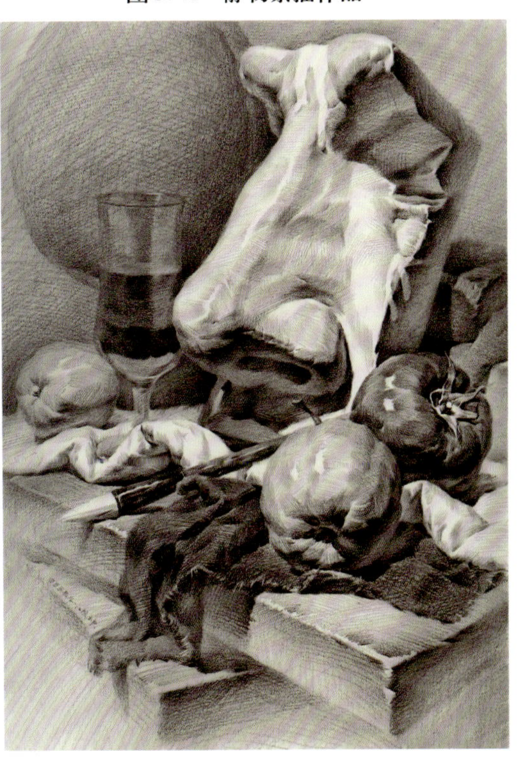

图3.48 静物素描作品

图3.47 静物素描作品

图 3.49 静物素描作品

图 3.50 静物素描作品

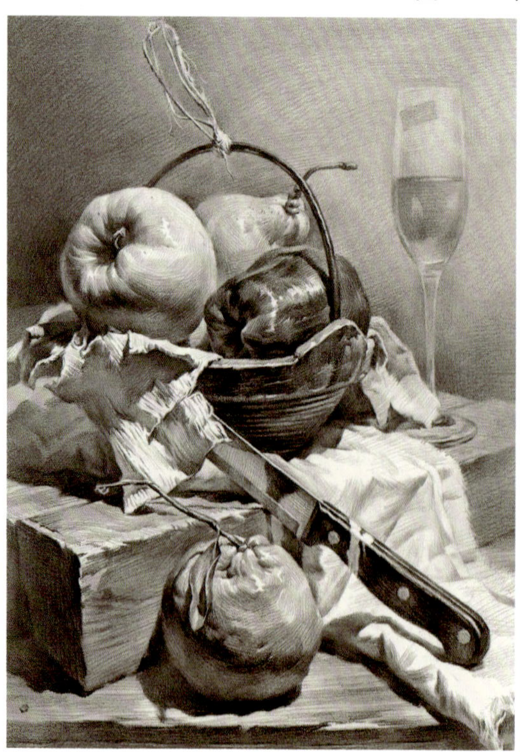

图 3.51 静物素描作品

任务4 风景素描

风景素描，是以室外自然景物为内容，是研究和表现自然景物的形体结构、透视变化以及明暗层次等规律的绘画形式。

1. 风景素描的表现方法

风景素描表现方法多种多样，归纳起来主要有线画法、明暗画法和线面结合画法。

1）线画法

线画法是以线条为主的作画方法，借助线条的曲直、粗细、虚实等的变化，简练地概括出景物的形体结构及空间感。

2）明暗画法

明暗画法就是用光影、明暗的作画方法画出物体的黑白灰关系和层次变化，明暗色调的变化可以增强画面景物真实的效果。

3）线面结合画法

线面结合画法是线条与明暗块面相结合的方法，画面中既可以运用灵活的线，也可以用明暗块面表现景物，是画花最常见的造型方法。

2. 风景素描的工具材料

1）笔

画风景素描用笔种类繁多，最常用到的有铅笔、炭笔、炭精条、木炭条、钢笔、油笔等。铅笔表现线条流畅，明暗调子丰富，也便于修改，画风景素描基本以铅笔为主。炭笔、木炭条、炭精条色泽较浓，明暗对比强烈，但不易修改。钢笔和油笔线条清晰，黑白对比明显，选择钢笔时一般多选择弯头钢笔。

2）画板

风景素描一般画幅不大，由于室外光线变化快，一般都选择8开纸作画，因此外出带的画板也多是8开画板。

3）橡皮

橡皮既可以修改画面，也可以在灰色调中擦出白线，多用柔软一点的橡皮，也要准备一块可塑性橡皮。

其他工具比如墨水、写生凳、美工刀、夹子、胶带等也要准备好。

3. 树木的表现技法

树木是风景素描最重要的组成内容。树木种类繁多，结构、外形也各不相同，在风景素描中较难掌握和表现。如果了解了树木的生长特性、形态、结构和明暗变化规律，多加练习，会逐步画好的。

画树应先从树干开始，逐步画出树枝。注意树干与树枝的结构关系、穿插变化，体现出不同树干和树枝的特征和个性变化，这样画面才会更生动。

1）树木素描的作画步骤（图3.52、图3.53）

①观察树干，对着树干把外轮廓描绘出来；

②画好外轮廓，开始描绘树皮表面凹进去的部分，也是整个树皮的暗面；

③把树皮凹面的明暗全部画出来，使画面完整；

④从整体出发，观察光源，把树干上的暗面表现出来，细致地刻画并加深粗糙的树皮；

⑤要深入刻画树皮，表现出树皮粗糙的质感，直到作品完成。

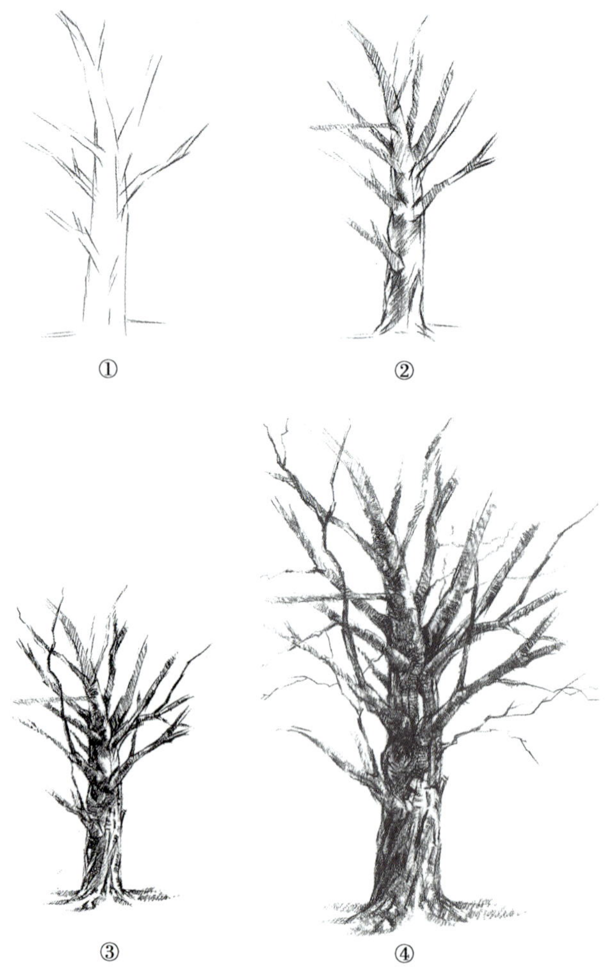

图3.52 树木素描的作画步骤

图3.53 树木素描的作画步骤

2）**树木素描作品欣赏**（图3.54—图3.60）

图3.54 树木素描作品

图3.55 树木素描作品

图3.56 树木素描作品

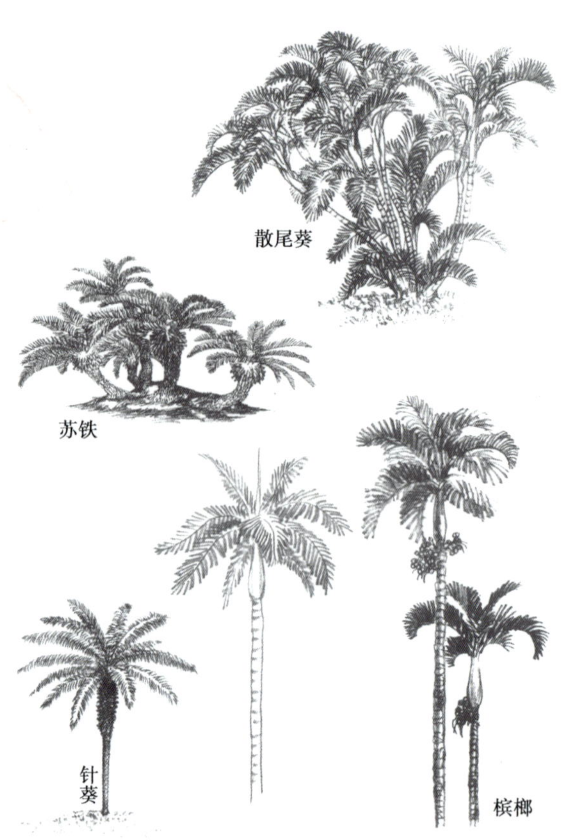

图3.57 树木素描作品

图3.58 树木素描作品

图3.59 树木素描作品

图3.60 树木素描作品

4. 山石、水体

山石和水体是风景素描常表现的内容，在一幅风景素描作品中也最具点睛之处。雄伟的高山、奔腾的黄河、险峻的山峰、弯弯的小河在自然界中经常可以看到，为了达到某种意境，我们在公园和私人住宅中也会看到假山和人工流水。所以，山石和水体有自然形成的，也有人工建造的。

1）山石、水体、喷泉素描写生步骤

（1）山峰素描写生步骤（图3.61）

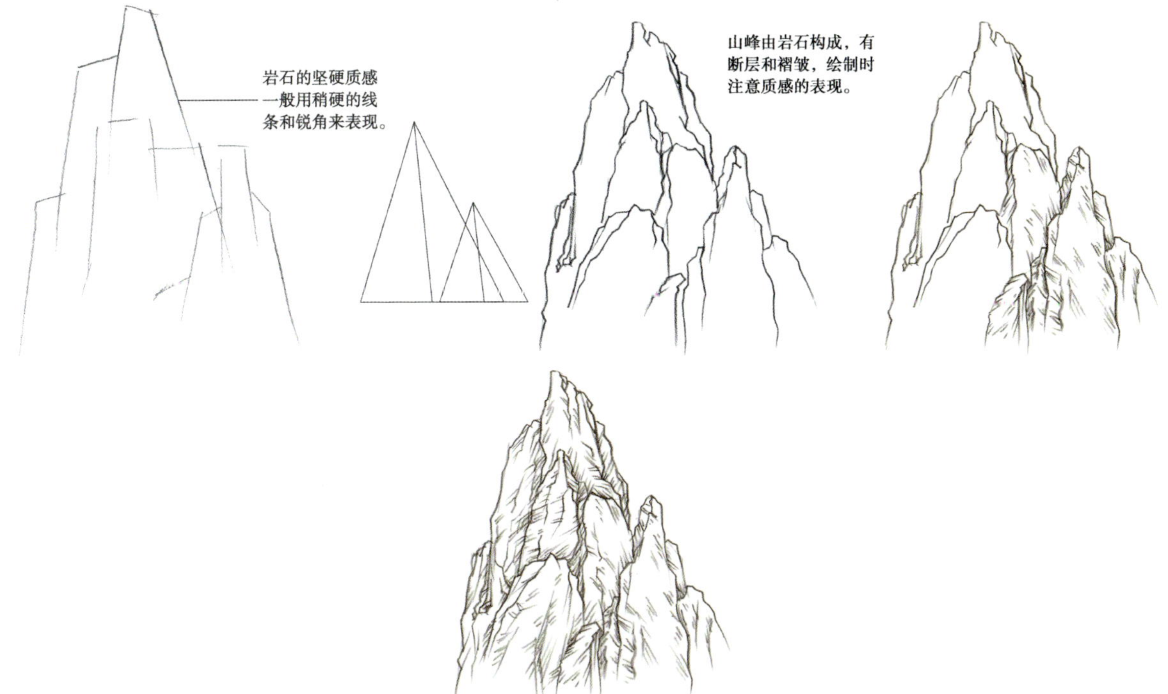

图3.61 山峰素描写生步骤

①观察山峰的形状,再勾画出山峰的外轮廓,确定山峰的大小位置;

②画好轮廓后找出山峰的明暗交界线的位置以及整座山峰的暗面,要重点刻画山峰的交界处;

③在上一步的基础上继续加深暗部,明确画出山峰的黑、白、灰关系;

④细化山峰中间的暗面,注意调整个画面的明暗关系;

⑤从整体上观察,细致地画出山峰上面的细节,重点刻画山峰凹凸起伏的部位;

⑥深入细化山峰的暗面色调,整体调整画面,让其看起来具有层次感。

(2)水体、喷泉素描写生步骤(图3.62、图3.63)

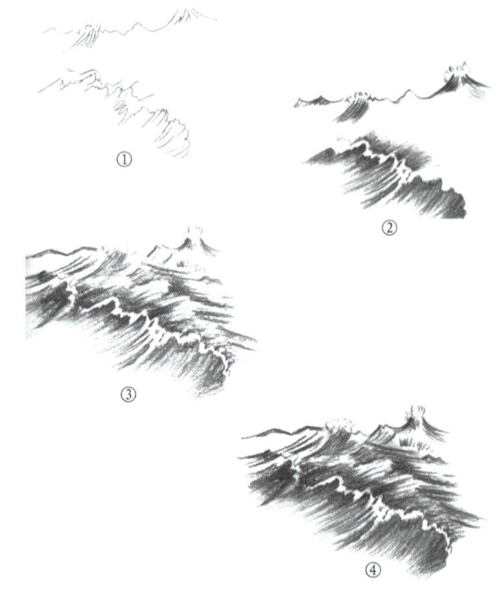

图3.62 水体素描写生步骤

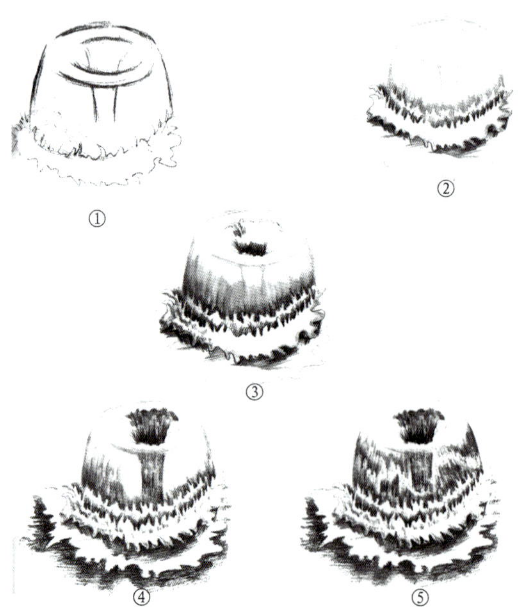

图3.63 喷泉素描写生步骤

2）**山石、水体素描作品欣赏**（图3.64—图3.67）

图3.64 山石素描作品

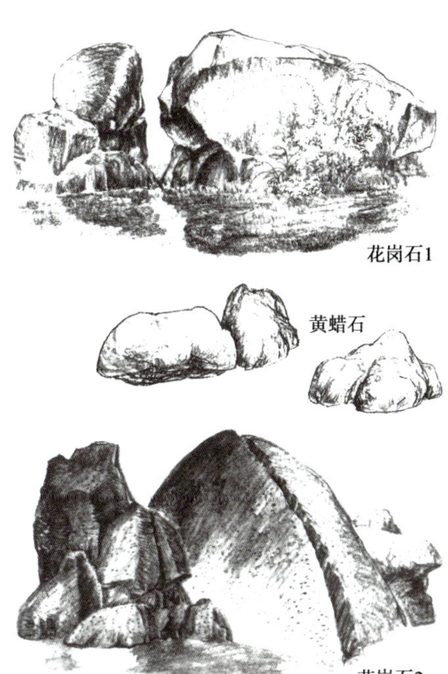

图3.65 山石素描作品

图3.66 水体素描作品

图3.67 水体素描作品

5. 建筑

建筑物是风景素描常画的主要内容。建筑物由于人类所处的地理位置、环境气候、经济文化及民族风俗的不同,其造型风格也不相同。建筑物与自然景物中的山石、树木的区别是:它有明确的形体结构,有一定的规律性。建筑物可以分为古建筑、居民建筑和现代建筑。

1)**建筑物画法步骤**(图3.68)

①画出房子和树的外轮廓;

②起完形后,细心勾画出房子的细节,表现出画面的立体效果;

③画出房子和树木的大体明暗,表现出画面的立体效果;

④进一步深入刻画,表现出画面的体积感和空间感;

⑤刻画画面细节,使明暗层次分明;

⑥注意整体效果的表现,用线条加重空间树的深度,使房子更突出;

⑦用HB或者更硬一点的铅笔细致地刻画画面,注意修整房子的外轮廓;

⑧整体地调整画面,细心刻画细节,完成作品。

图3.68 建筑物素描作画步骤

2)建筑素描作品欣赏(图3.69—图3.72)

图3.69 建筑素描作品

图3.70 建筑素描作品

图3.71 建筑素描作品

图3.72 建筑素描作品

6. 综合风景

1)综合风景素描写生画法步骤(图3.73)

①

②

③

④

⑤

图 3.73　综合风景素描写生步骤

①注意观察要刻画的对象，取景、构图很重要。画出大体轮廓，定好视平线的位置。

②将画面的线稿细致勾勒出来，线条要流畅，表现物体要自然，在这幅画中重点要抓住中式古建筑的魂，仔细进行刻画。建筑是实的表现手法，树木表现得虚，注意线条粗细、轻重变化，把握好物体的主次关系。

③注意受光面和侧光面的处理，暗部关系画得要透气，特别是屋檐下的暗部。

④添加画面细节的描绘，远处的树木不要过多刻画，以免向前跳，影响画面主次关系。

⑤增强物体的中间层次和暗部关系，让物体形态丰富起来。调整画面整体关系，完成作品。

2）综合风景素描作品欣赏（图 3.74—图 3.77）

图 3.74　综合风景素描作品

图3.75 综合风景素描作品

图3.76 综合风景素描作品

图3.77　综合风景素描作品

任务5　风景速写

速写同素描一样，不但是造型艺术的基础，更是一种独立的艺术形式。速写有广义和狭义之分，广义的速写是指“快速的写生”；狭义的速写是指素描的简化和补充，属于素描的范畴。速写不但是绘画的一个重要组成部分，也是艺术设计专业的基础课，是设计师进行创新和与他人进行视觉交流必须掌握的基本功，简单地说，速写是一切绘画的基础。

1. 学习风景速写的目的

速写是绘画的词汇，不是摄影师全景全项的记录，是有感觉有想法的写生，是对形体结构的认识理解的前提下，运用简练概括的线条，快速地捕捉物体的外部形体与空间关系，是学习任何绘画专业知识和技能必须掌握的一项基础。速写可以使我们敏锐地捕捉形象，快速地抓住特点，树立直观表达的信心，因此速写是培养观察周围生活的良好习惯，也是绘画取材综合能力的训练。

2. 学习风景速写的方法及原则

怎样画速写呢？初学者在开始画速写时首先应考虑的是使用什么工具。在诸多的速写工具中，最简单、最方便的工具就是钢笔或者水笔，用起来方便也易于掌握，而且线条变化丰富，层次细腻，便于深入地刻画。虽然落笔难修改，但也利于培养学生果敢的绘画习惯，不像用铅笔画速写，学生会一直用橡皮擦，怎么都画不成，所以画速写养成果敢的习惯是非常必要的。

速写对初学者和有一定造型能力者要求不同，初学者应该强调如何通过速写练习达到锻炼观察与表现物象造型激发的能力，后者要侧重于抒发思想情感，因此两者具体的手法与表现方式是不同的。

1）不要图快

速写表现形式上具有概括、生动、活泼、流畅的特点。虽然画出来从表面上看比较“简单”，但和潦草、轻率不能等同而语。画速写与素描不同，是在做减法的训练，要求对事物有很强的概括力，这也要求画者对物象的形体结构、生长特点等有着深刻的理解研究，入笔能都画到“点”上，不是胡乱画出轮廓就可以的。初学速写是一定要慢写入手，欲速则不达，先临摹、写生一些单个物体（图3.78），循序渐进，逐步提高，这才是科学合理的方法。

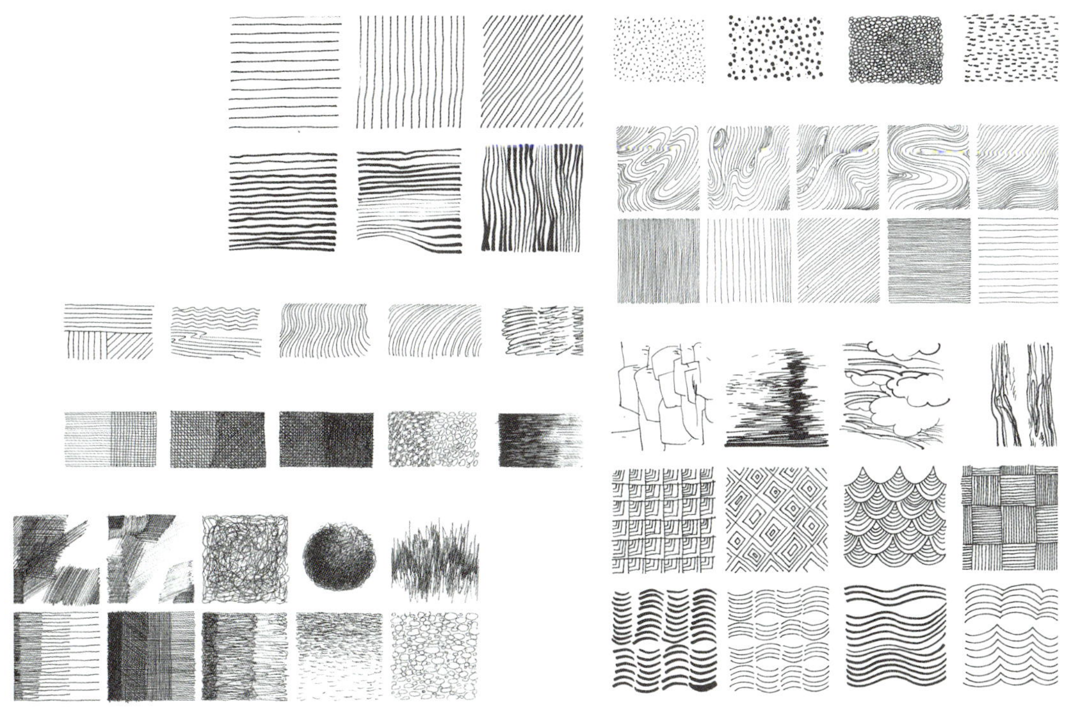

速写线条练习

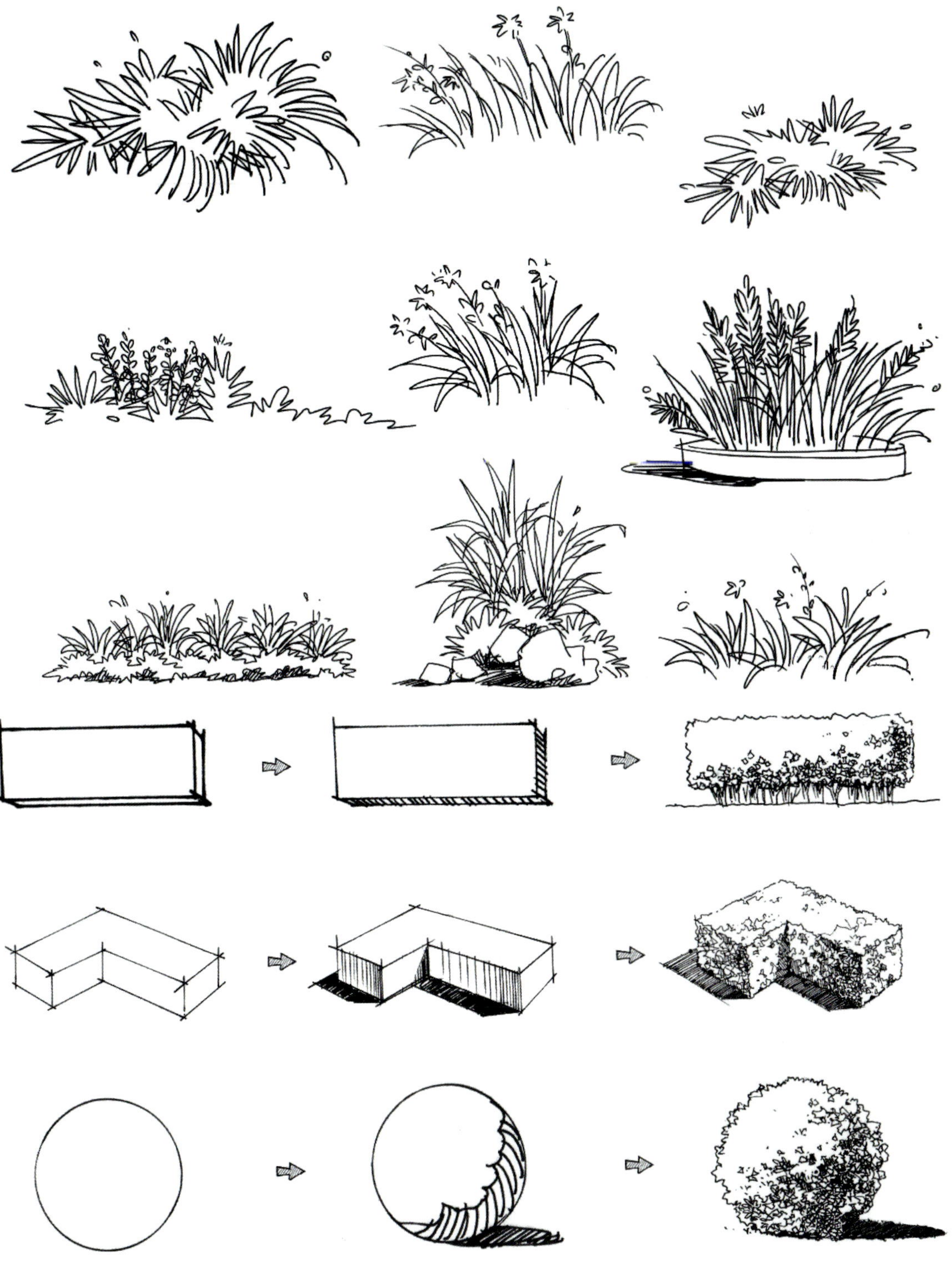

女贞　含笑　雀舌黄杨

狗牙花　十大功劳

一品红　美人蕉　夹竹桃

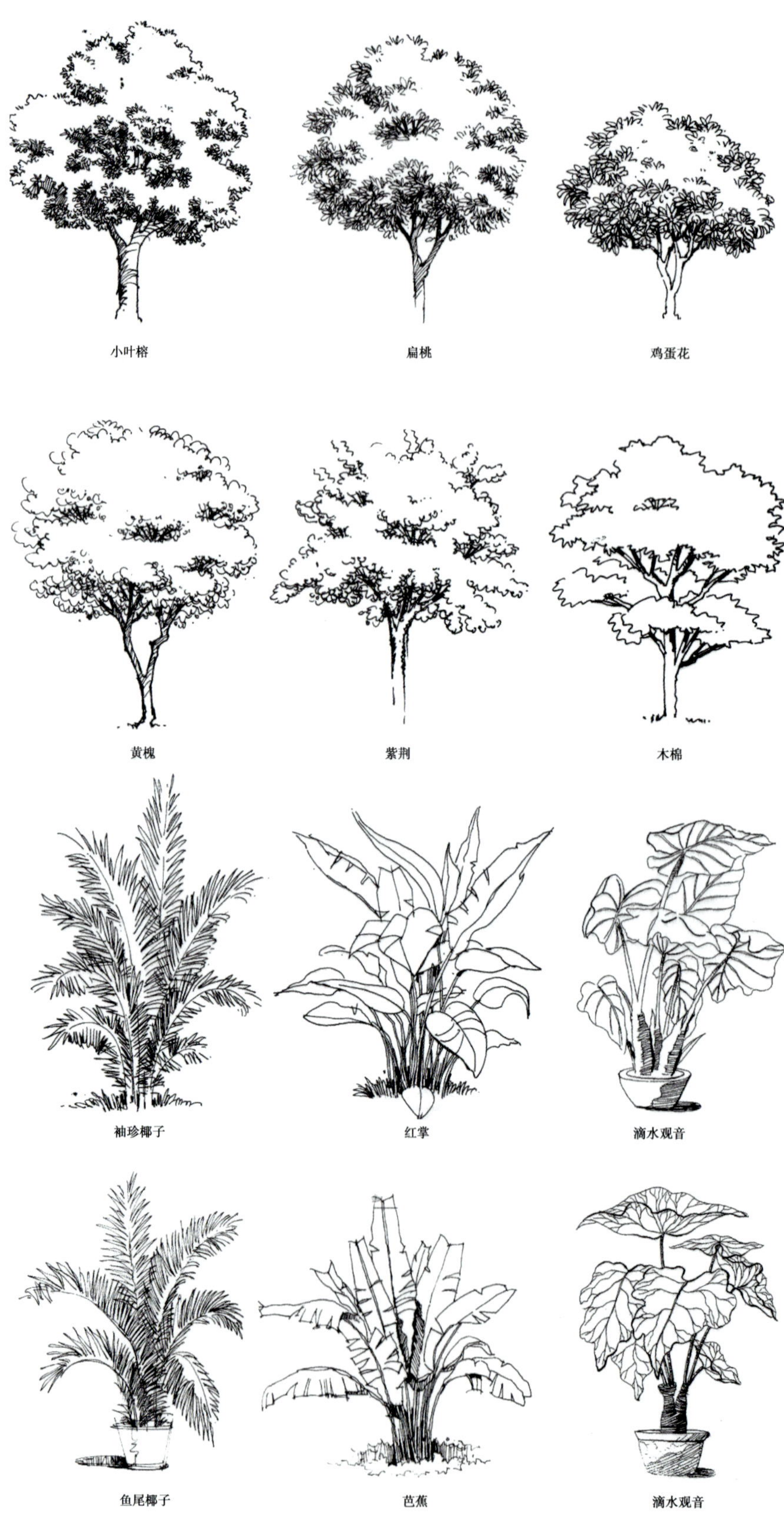
小叶榕
扁桃
鸡蛋花
黄槐
紫荆
木棉
袖珍椰子
红掌
滴水观音
鱼尾椰子
芭蕉
滴水观音

海枣
油棕
苏铁
蒲葵
散尾葵
槟榔

图3.78 速写写生单个物体素材

2)选择适合自己的表现手法

速写形式多样,有以明暗、块面为主的;有以线描为主的;还有线面结合的方法。这些表象方法各有所长,在画速写的过程中一定要找到适合自己的方法,表现出来的作品也要适合自己的欣赏习惯。

3)明确画速写的目的

速写一直是美术教学中的基础训练科目,也是众多画家、艺术家收集创作素材的方式。只要坚持画速写,可以很快地提高造型能力,也能够拓展自己的创作思路,这条道路虽然漫长,但收获是很大的。还要明确自己画速写的目的,要有学习的侧重点,作为基础训练去画速写,就比较注重结构和形式的表现;作为收集素材为目的速写,则要把具体的内容刻画精准细致。

4)多思考,有选择性,主次分明

画速写没有数量的积累,就不会达到质的飞跃。但是在绘画过程中不能一味地画,要有思考、有选择。看到美景不是见什么画什么,要先简后繁,先画一些小场景练习,熟练后再逐渐表现大的场面。还要有取舍,为了画面美感,也为了节省时间,可以省去一些不必要的景物,重点刻画自己想表达的东西。同时,速写也要注意虚实关系,强调主次分明,不能面面俱到。再用线上面远景可以画得轻一些,若隐若现,光线强的地方甚至可以留白加强光感,近处的景物可以强调,深入地刻画。

5)有收有放,适当夸张

速写贵在真切自然,生动活泼,贴近生活。因此不能处处死扣,要有松弛灵动之感,也可以用一些复线或者保留一些误线,以增加趣味,让画面看起来轻松灵动,没有可以雕琢之痕。艺术是作者的感情流露,速写更是如此,看到令人激动的闪光点,就会注入充沛的感情,这样的作品才会更感人。在抓好物象的特征之后,还能进行适当的夸张,但夸张时要掌握好分寸,过之失真,少之不足。

3. 学习风景速写的工具材料

速写的工具比较简单,宜于随身携带,作者可以随时随地停留下来进行描绘。

1)笔

笔主要有美工笔、水笔、钢笔、炭笔、签字笔等(图3.79)。美工笔画出来的线条有粗细变化,且富有弹性;水笔、签字笔画出来的线条挺拔有力,且具有装饰味道;铅笔、炭笔比较常见,便于修改,线条的粗细、深浅可以随感受而变。

2)纸

速写用纸一般选用表面光洁、吸水性不强的纸张。素描纸比较厚实,价格也高,用来画速写比较浪费,现在市面上有专门画速写用纸,有带色的和不带色的,都比较好用,但是要准备一个速写夹,把纸夹上去就可以画速写了,也可以直接买速写本(图3.80),用起来更方便。

图 3.79 速写用笔

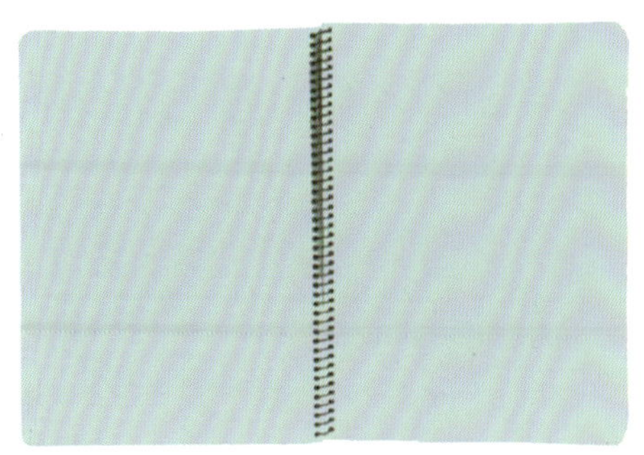
图 3.80 速写本

4. 构图

画速写首先要解决的就是构图问题。所谓构图就是根据题材和审美要求,把要表现的形象适当组织起来,构成一个协调的、完整的画面,是表达作品思想内容并获得艺术感染力的重要手段。

一般把要画的东西安排在整张纸的偏中间位置,但避免居中。构图中有一种"三七律"法则,或者叫"九宫格"的构图法(图 3.81),就是将主要形象安排在横向或者竖向的 1/3、2/3 处。当然,主体偏离中心点远,就要考虑相应的对应问题,如果没有物体来呼应,就会使整个画面产生不稳定感。

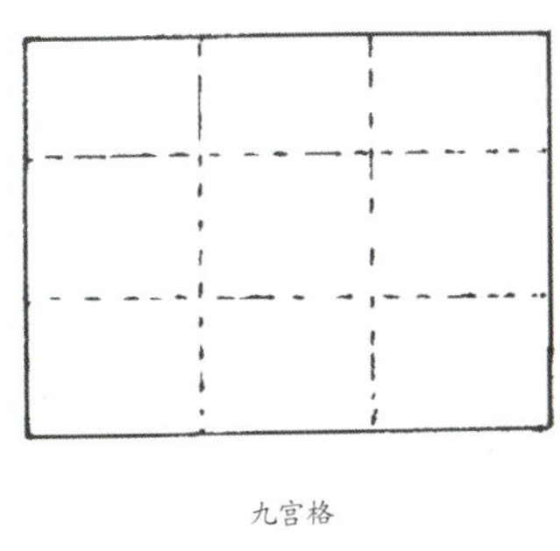

三七律

图 3.81 构图

1)风景速写写生步骤(图 3.82)

①对描绘对象进行观察,分析结构和透视关系,认真思考,做到胸有成竹、心中有数。然后开始定点,画出对象的大致位置。

②根据定好的位置,对画面的主角进行描绘,画出小树。

③依势生发,深入刻画树木。

④注意亭子和周围的环境的层次变化,调整画面前后的平衡感,突出主体。

⑤认真刻画亭子的细节,注意深远层次。

⑥当作品接近完成阶段,再施以精确的加工和调整,看看是否完全画出最初的感受和所认识的物象,对对象的造型、比例、结构进行综合完善调整。

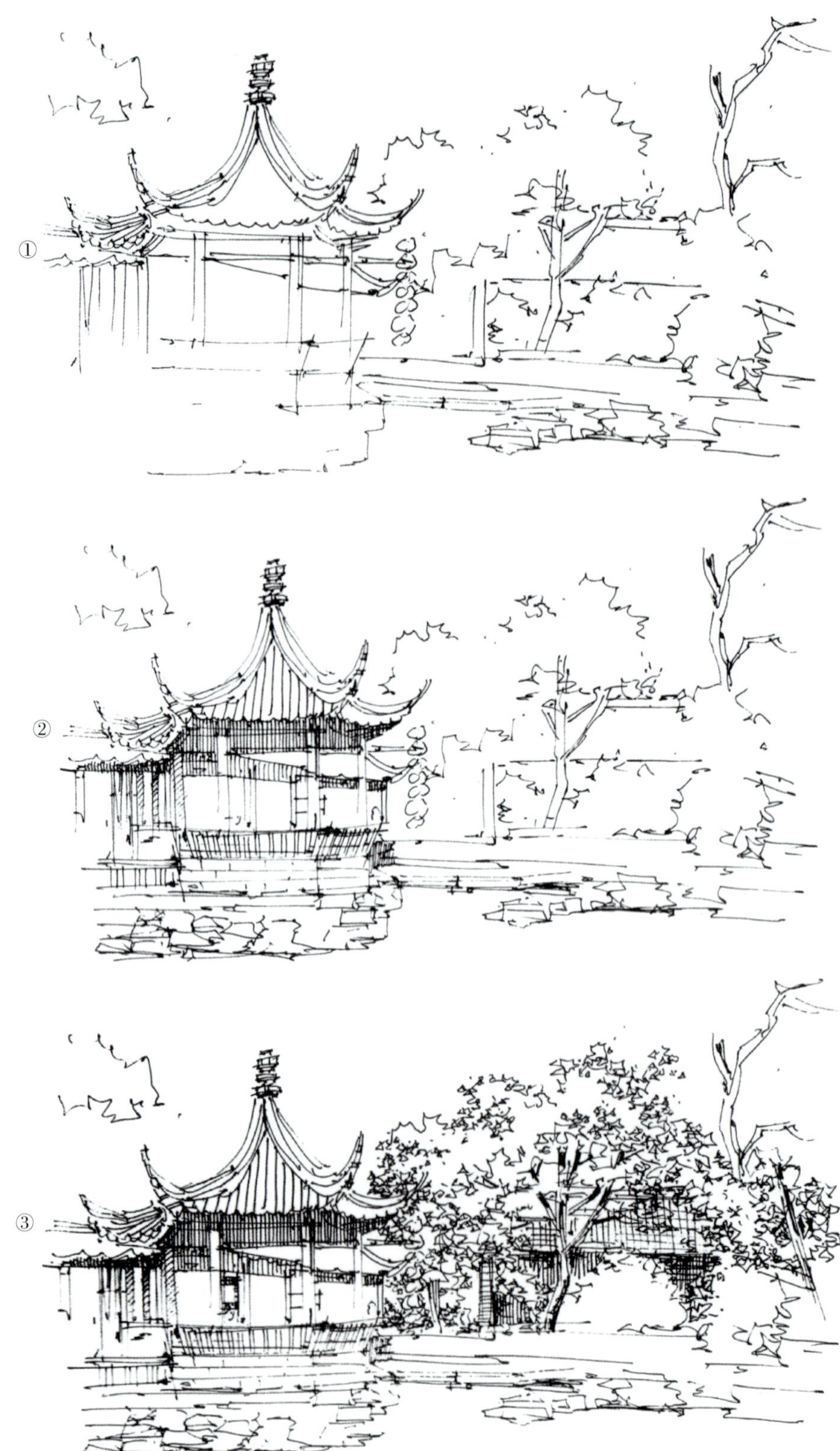
①
②
③

图3.82　园林风景速写写生步骤

2)**民居速写写生步骤**(图3.83)

①

②

③

④

⑤

⑥

图3.83 民居速写写生步骤

3)**风景速写作品欣赏**(图3.84—图3.105)

图3.84 风景速写作品

图 3.85 风景速写作品

图 3.86 风景速写作品

图 3.87 风景速写作品

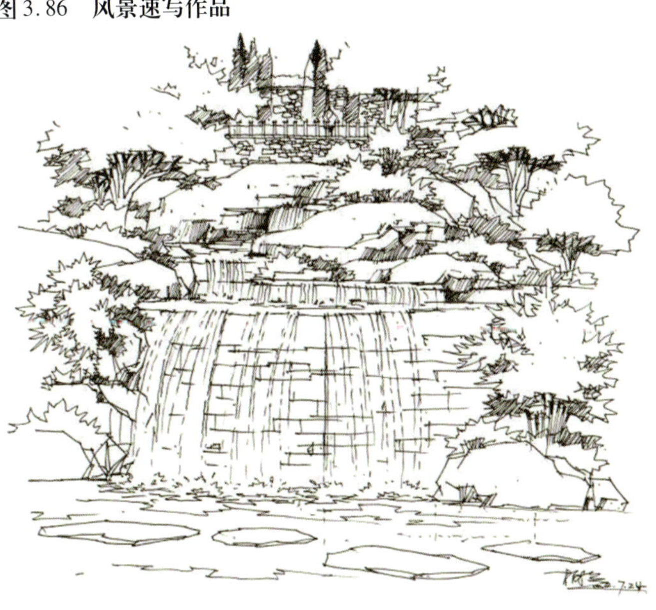

图 3.88 风景速写作品

图 3.89　风景速写作品

图 3.90　风景速写作品

图3.91　风景速写作品

图3.92　风景速写作品

图 3.93　风景速写作品

图 3.94　风景速写作品

图 3.95 风景速写作品

图 3.96 风景速写作品

图 3.97 风景速写作品

图 3.98 风景速写作品

图 3.99 风景速写作品

图 3.100 风景速写作品

图3.101　风景速写作品

图3.102　风景速写作品

图3.103　风景速写作品

图3.104　风景速写作品

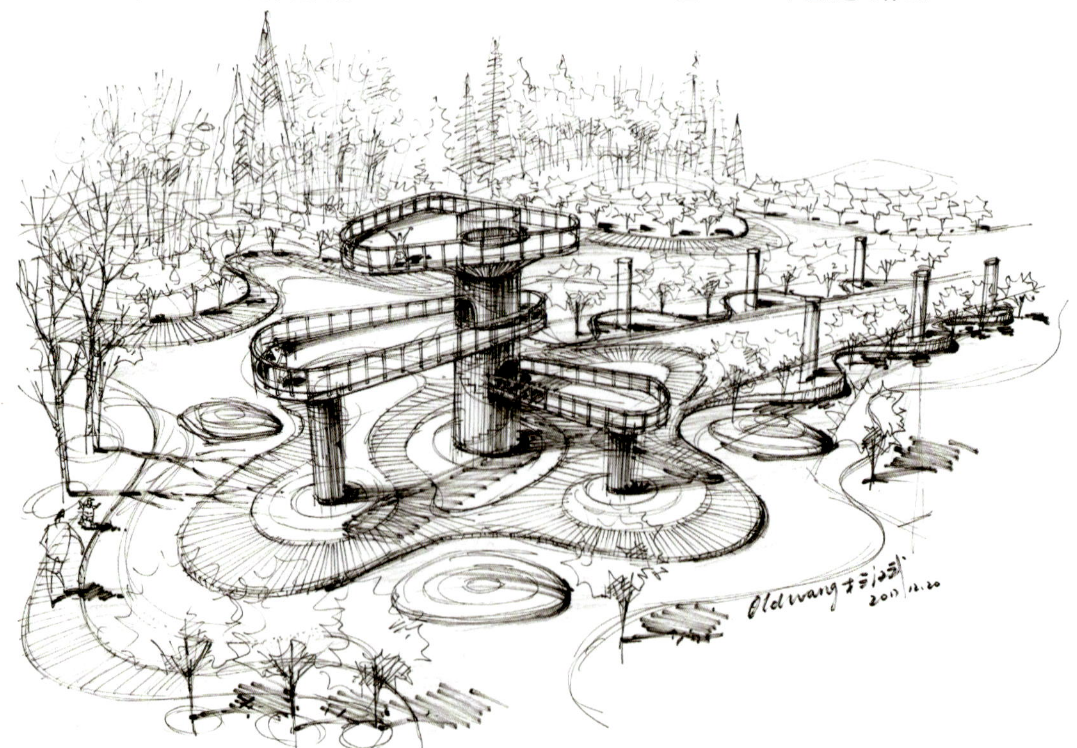

图3.105　风景速写作品

4)城市速写写生步骤(图3.106)

①
②
③
④
⑤
⑥
⑦

图3.106 城市速写写生步骤

课堂训练

1）训练内容

（1）静物素描训练。

（2）风景素描训练。

（3）风景速写训练。

2）训练要求

要求学生能够掌握素描写生中明暗关系的处理、形体结构的塑造以及透视规律的运用，提高自己的造型能力和创造力。坚持画速写，为自己积累丰富的素材内容，可在今后的创作中运用自如。

拓展训练

1）训练内容

外出进行风景素描、速写写生。

2）训练要求

熟练掌握风景画中的透视规律，学会深入地刻画主体，虚实远近层次分明。

目标考核

优良：

（1）能正确掌握素描的表现方法。

（2）画面构图、比例、结构、透视和明暗关系准确。

（3）画面的立体感、质感和空间感表现充分。

（4）线条熟练，画面整体效果好。

合格：

（1）能正确掌握素描的表现方法。

（2）画面构图、比例、结构、透视和明暗关系准确。

（3）画面效果立体感强。

项目4 色 彩

[知识目标]

(1)了解色彩写生的基础知识。
(2)熟悉静物色彩写生、风景色彩写生的方法和步骤。

[能力目标]

(1)掌握色彩写生的方法。
(2)具备一定的造型能力、审美能力和观察想象能力。

任务1 色彩基础知识

1. 色彩的定义

自然世界变幻无穷,充满了奇妙的色彩(图4.1)。色彩与我们的生活更是息息相关。人们用眼睛去观察这个世界,视觉神经对色彩有着特殊的敏感性,因此色彩比形、体所显现的美感魅力更为强烈。

当某一个物体映入眼帘,我们最先感知到的应该就是色彩。所以色彩是给人印象最深刻的一种视觉元素。

2. 色彩与光

1)色彩

人们身处在漆黑的环境当中是看不到任何东西的,没有光就没有色彩的存在。光是人们感知色彩的必要条件,色来源于光。简而言之,光是色的源泉,色是光的表现。西方美术史上的印象派画家就有"色彩是'破碎的光'"这一感性的认识。

图 4.1　自然界的色彩

2）光

那什么是光呢？现代科学证实，光是人类眼睛可以看到的一种电磁波。虽然人类生活当中有多种光源，如日光、月光、人造光、萤火虫，但是在色彩学中是以日光为标准光源来解释光与色的物理现象。早在 1966 年，英国物理学家牛顿首次使用玻璃棱镜分解太阳光，得到了太阳光谱（图 4.2）。光谱中的 7 种色光（红、橙、黄、绿、青、蓝、紫）能够诱发人们的色彩视觉，称为可见光。通常波长为 380 ~ 780 nm 的光称为可见光。其中红色的波长最长，紫色的波长最短（图 4.3）。

图 4.2　三棱镜分解色光

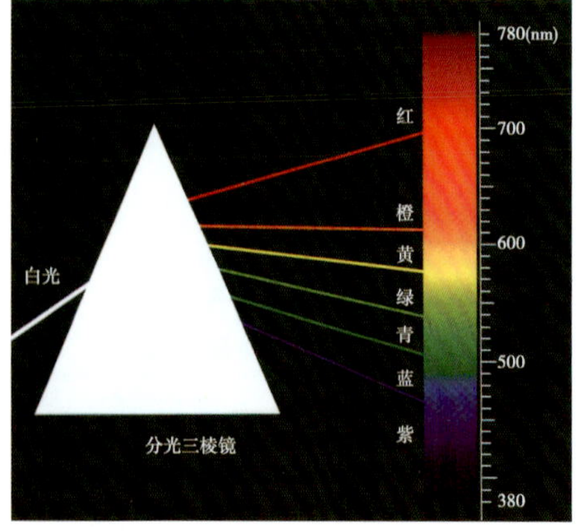

图 4.3　波长

当太阳光照射在树叶上面时，其他的色光被植物吸收，而绿光反射给眼睛，再传给大脑，这样我们看到的叶子就是绿色的（图 4.4）。这就是色彩的产生。简单地说，就是光线照射在物体的表面，一部分光线被吸收，一部分光线被反射，这些反射出来的光就是我们看到不同物体的色彩。不同光线下物体的亮部、暗部及投影部分所表现出来的色彩变化也是不同的。强光下我们看到的色彩亮丽、明快；弱光下我们看到的色彩暗淡、模糊。所以说光线能使我们辨清物体丰富的色彩，光线的强弱也直接作用于画面的色彩关系，而我们作画的目的就是用色彩来表现光线。

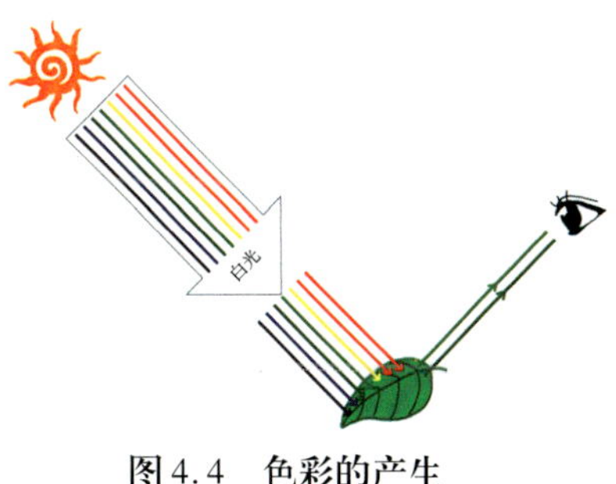

图4.4 色彩的产生

3. 色彩的分类

1）三原色

将光谱两端的红和紫过渡相接，在一个环上进行循环排列，就形成一个色相环。最简单明了的色相环就是伊顿设计的伊顿十二色相环（图4.5）。在色相环中不能再分解的3个基本颜色就是原色，即红、黄、蓝。这3种颜色是唯一不能用其他颜色调和而获得的原始色。绘画中的三原色，红是品红，黄是柠檬黄，蓝是湖蓝。红、黄、蓝这三种原色混合在一起得到黑色（图4.6）。色光的三原色是红、绿、蓝，这3种色光相加得到的是白色光（图4.7）。

图4.5 伊顿十二色相环

图4.6 色彩三原色

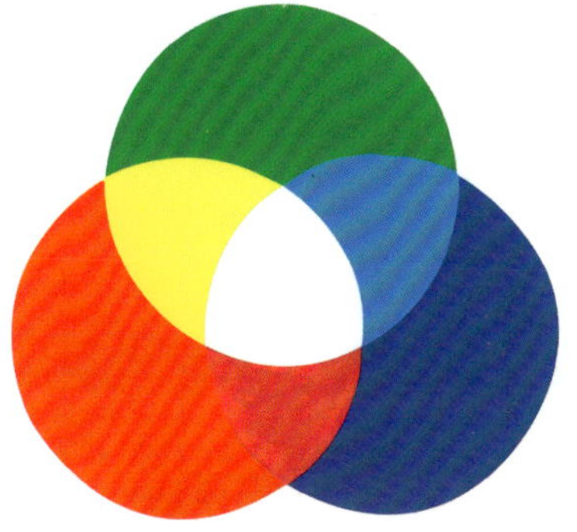
图4.7 色光三原色

图4.8 色彩三原色、三间色、复色

2)间色

用两种颜色相互混合所得到的颜色就是间色。红色加入黄色得到橙色，黄色加入蓝色得到绿色，蓝色加入红色得到紫色(图4.8)。原色与原色之间等量混合得到的是3种标准的间色，如果改变其比例，所得到的颜色就会发生变化。比如，用多量的黄色加入少量蓝色得到的颜色是草绿色，反之就是翠绿色。

3)复色

复色是指3种或者3种以上的原色相互混合而得到的颜色(图4.8)。在自然界中，复色要比明丽的标准颜色多得多，是最丰富的色彩。多种复色都是带有“灰味”的色彩，画家们则称之为“高级灰”，在绘画中是大面积使用的颜色。

4)补色

在色环中互为180°角的两对颜色为补色。如红色和绿色，黄色和紫色，蓝色和橙色，均为补色关系(图4.9)。两种补色相混合得到黑灰色。两种颜色并列时对比很强烈，所表达的色彩效果响亮、跳跃。

法国画家德拉克洛瓦认定，物体阴影部分的颜色，应该倾向该物体受光部颜色的补色(图4.10)。但是色彩变化多样，会造成许多特别的情况，所以在作画的时候我们也不能一味套用理论公式，不去理会美妙的色彩关系。

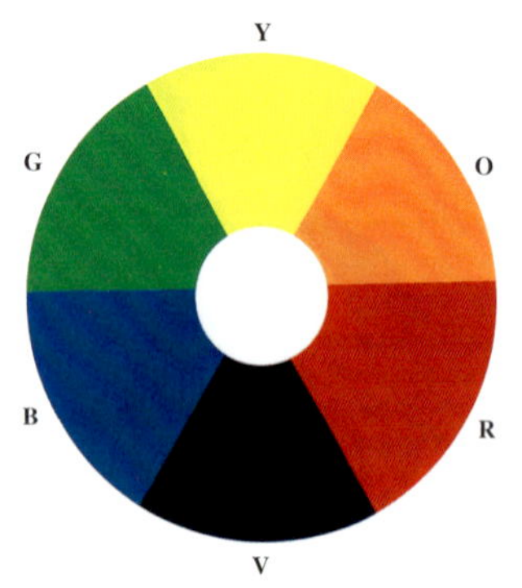

图4.9 补色

图4.10 色彩关系

5)固有色

固有色是指物体在阳光、灯光等光源的照射下，我们看到物体本身的颜色。一般情况下，物体的中间色是最能充分表现出固有色的。

生活中我们看到树是绿的，天是蓝的，这就是在正常光线照射下物体呈现给人们相对稳定的固有色。其实固有色也会随环境、光源的改变而改变，并不是一成不变的。

6)光源色

光源色是指太阳、月亮、灯光等一切能发光的物体所散发出的色光。不同的发光体所散发出的光线能够直接影响物体色彩的变化。

光源分为自然光源和人造光源(图4.11)。光源的种类很多，但大致可以分成暖光和冷光两类(图4.12)。一般情况下，暖光会使物体受光部位变暖，比如太阳光、橘黄色的电灯光等都是暖光。像月光、灯光等都属于冷光，照射在物体上面会使物体的受光面变冷。

图4.11 人造光源、自然光源

图4.12 暖光、冷光

7)环境色

环境色是一个物体受到周围物体反射的颜色影响所引起的物体固有色的变化。环境色的产生是和光源的照射分不开的。从理论上讲,环境色对物体的影响应该是全方位的,但是由于光源色的强度远胜过环境色的影响,因此环境色对物体受光面的影响是比较微弱的,相对而言,环境色主要影响到物体的暗部,也就是反光部位。例如把白色的罐子放在玫红色的衬布上面,罐子的暗部的颜色就会带有玫红色(图4.13)。

图4.13 环境色

4. 色彩的属性

色彩的属性即色彩的三要素。任何色彩都具有 3 种基本属性，分别是色相、明度、纯度。色彩的三要素是确定色彩的基本标准，更是相互影响、互为共存的关系，其中任何一种要素发生改变必将会影响到另外两种要素随之改变。色彩分为有彩色和无彩色两大类，有彩色（指红、黄、蓝等）都具备这 3 种属性，而无彩色（指黑、白、灰）仅仅只有明度的变化。

1）色相

色相就是色彩的相貌，是一种色彩区别于另一种色彩的依据。草地是绿色的，那么小草的色相就是绿色相。红、黄、蓝、橙、绿、紫这 6 种标准色是基本的色相，其他所有色相都是由基本色相演化而来的。

2）明度

明度即色彩的明暗深浅程度。明度分为高明度、中明度和低明度，白色是明度最高的色彩，黑色是明度最低的色彩。一种颜色加入白色越多，它的明度就越高；加入黑色越多，明度就越低（图 4.14）。在色相环上，黄色是明度最高的色彩，红、绿、蓝明度中等且较为接近，普蓝及紫色是低明度的色系。可见，颜色与颜色之间存在明度的变化，而且同色相的颜色也存在明度变化，如湖蓝、钴蓝等。

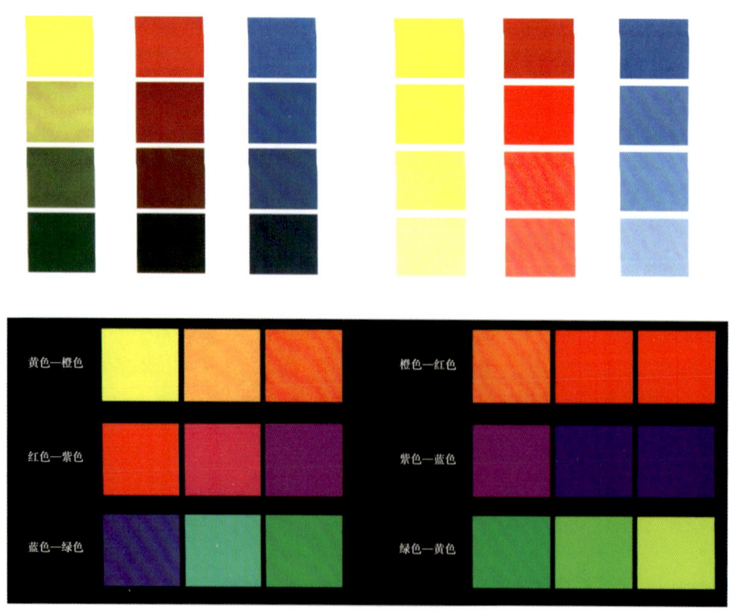

图 4.14　色彩明度过渡

3）纯度

色彩的鲜艳饱和度即为纯度。阳光透过三棱镜产生红、橙、黄、绿、青、蓝、紫 7 种光谱色，是色彩当中纯度最高的颜色。

颜色从锡管里面挤出来未经调和纯度较高，一旦加入其他颜色纯度就会越来越低。在红色里面加入白色，红色的明度越来越高，而纯度则越来越低。在黄色里面加入黑色，黄色的明度越来越低，纯度也越来越低。纯度和明度往往是同时发生改变的，明度的变化也能带来纯度的变化。

5. 色彩的冷暖及色调

1）色彩冷暖

色彩的冷暖（图 4.15）又称色性，所谓色彩冷暖，主要还是人们心理上对于色彩的感觉。自然界万物都有属于自己的色彩表情，我们在研究色彩时就有了丰富的资料。红、橙、黄能够使人联想到阳光、火焰等，从而产生温暖炙热的感觉，属于暖色系（图 4.16）。而蓝、绿、紫等则使人联想到雪山、河流、寒冰等一切凉爽寒冷的事物，属于冷色系（图 4.17）。

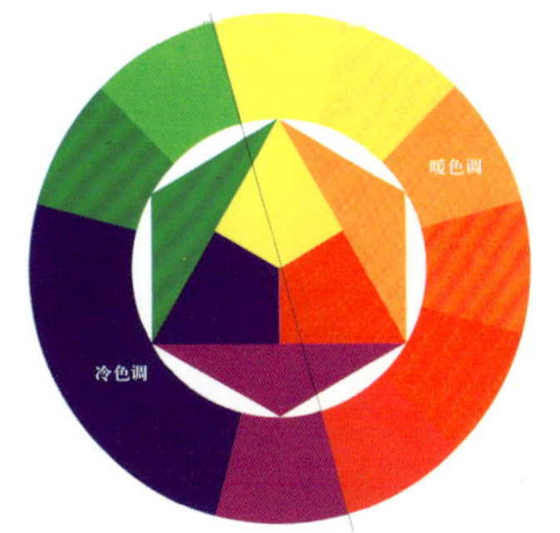

图 4.15 色相环上划分色彩冷暖

图 4.16 温暖的阳光

图 4.17 冰冷的河水

色彩的冷暖，是通过比较而显现出来的。同是绿色，草绿和翠绿放在一起，翠绿就会显得比较冷，而草绿则比翠绿色暖一些。

在色彩写生当中，正确运用冷暖色，可以表现出丰富的色彩关系。在空间关系中亮色给人近的感觉，暗就让人感觉向后退。冷暖色中暖则进，冷则退。冷暖色放置在一起，也可以起到相互衬托的作用。物体的冷暖色表现与光源也有重要关系，如果是冷光源，那物体的受光部就偏冷，暗部就偏暖。如果是暖光源，那物体受光部偏暖，暗部则偏冷。

2）色调

在一幅色彩作品中有一个总体、统一的色彩倾向，称为色调。从色性上可以分为冷调子和暖调子（图 4.18）；从色相上可以分为红调子、黄调子、蓝调子等；从明度上可以分为亮调子、灰调子、暗调子等（图 4.19）。

一幅色彩画中，要使用多种颜色进行调和，色彩的变化丰富，但是从总体上，各个物体之间、局部与局部之间一定要相互联系、交相呼应，这样画面才不会琐碎，才不会让人感觉凌乱。所以一幅画要想整体感强，各个部分协调统一，画面中一定要有一个整体色调牵动所有色彩的集中。怎样让许多色彩和谐，那就要做到“你中有我，我中有你”。色调的训练大家可以多做一些快速的“小色稿”训练，把握好画面大关系，确定画面色调，而不是专注于局部。

统一的色调会使画面更富强烈的艺术感染力，往往在人们还没有注意到画面的情节和具体景物之前，就会抢先把人们的眼球吸引过去。我们来欣赏一些凡·高的作品，看看画家是怎样用色彩感动生命的（图 4.20）。

图4.18 冷色调、暖色调

图4.19 亮调子、灰调子、暗调子

星月夜

圣玛利亚海景

麦田

罗纳河畔的繁星之夜

图4.20 凡·高作品

任务2 色彩静物写生

1. 水粉画的概念及工具

现在市面上颜料的种类多种多样,如国画颜料、水彩颜料、水粉颜料、油画颜料、丙烯颜料等,每一种颜料都有自身的特性。因为水粉易掌控,易修改,适用范围广,对于初学画的学生来说易入手,所以学生经常会选择水粉颜料来学习色彩。

1)水粉画的概念

水粉画是用水调和含有胶质的颜料来表现的色彩,水粉画不但可以表现出水彩画的轻快,又能表现出油画的浑厚凝重。

水粉色又称为广告色、宣传色。水粉颜料和水彩颜料有一个共同点,都是用水来调和。而不同的是,水彩颜料透明,覆盖力弱,画面比较清新、明快。水粉画主要靠白粉来增加明度,所以水粉颜料最大的特点就是不透明，覆盖性强，而且加入白粉越多，它的覆盖力就越强。

2）水粉画工具

（1）颜料　水粉颜料有瓶装、锡管装两种，品牌种类繁多，质量也有好坏之分（图4.21）。比较好的有上海产的马利牌水粉颜料和天津产的温莎牛顿等。好的颜料颜色亮丽，质量差的颜料会比较发灰，大家可以根据自身条件来选择。其中三原色不可调配，一定要买，另外白色、柠檬黄用量会比较多，可以多准备一些。

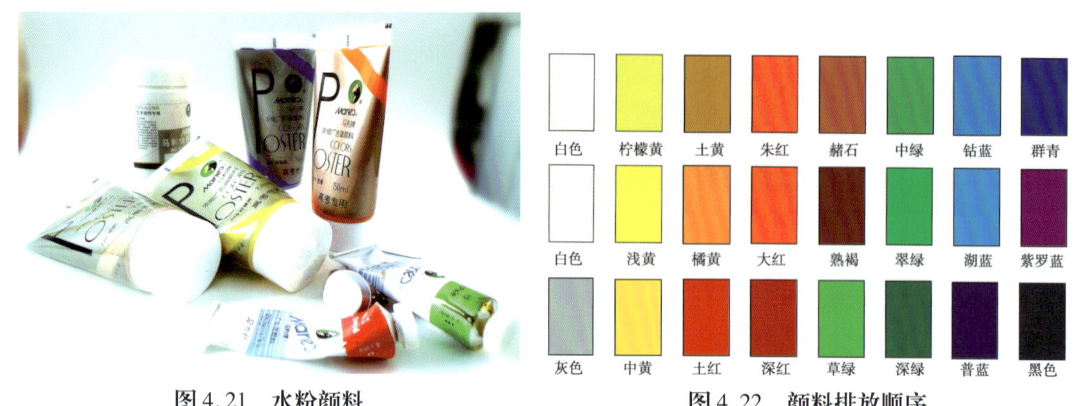

图4.21　水粉颜料

图4.22　颜料排放顺序

（2）水粉纸　水粉画有特定的水粉纸，一面光滑，一面有纹理，在作画的时候要用有纹理的一面。水粉纸吸水性和吸附颜料性能强，但是每位作画者喜好不同，像素描纸、白卡纸、水彩纸、绘图纸也都可以使用。

（3）颜料盒　颜料盒主要的功能就是放置颜料。颜料盒有大有小，里面呈格状，颜料在颜料盒中应该有序摆放（图4.22），同色系颜料放在一起。一般颜料盒上面的盖子我们都用来调色（图4.23）。

（4）水粉笔　水粉画的用笔主要以狼毫水粉笔和羊毫水粉笔为主（图4.23）。羊毫笔和狼毫笔柔软，有弹性，并且吸水性好。水粉画其他用笔还有油画笔、化妆笔、尼龙笔、底纹笔等。

（5）水桶　水桶的作用是用来盛放水，在作画时涮笔用。现在市面上卖的水桶种类多，大多数人比较喜欢用折叠水桶，折叠桶携带方便（图4.24）。

图4.23　水粉画工具

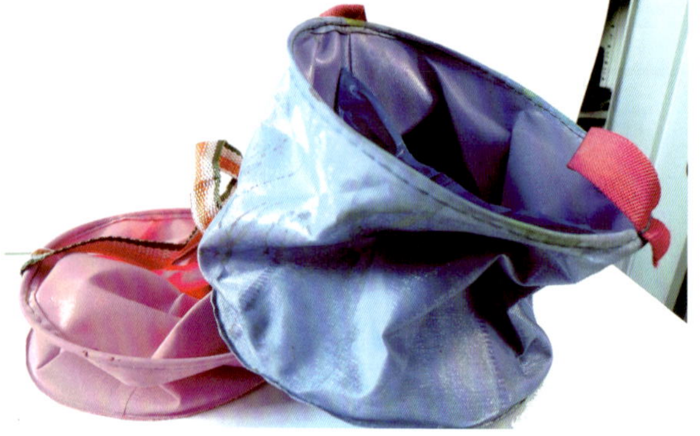

图4.24　折叠水桶

（6）吸水布　在画画的时候我们要准备一块吸水布，可以把笔上多余的水分吸掉，水分太多不易控制画面。

2. 水粉画的基本技法及练习

1) 水粉画的基本技法

水粉画最基本的画法主要分为干画法和湿画法。作画时一般是先湿后干。

(1) 湿画法 湿画法就是在颜料中加水比较多,作画效果比较柔和,透气感强,只是颜色较灰暗,物体表现会显得比较单薄。但处理得当会比较自然、明快。

(2) 干画法 干画法用颜料比较多,掺水很少,在表现时某些地方甚至不掺水。干画法表现力强,笔触肯定,色彩鲜明。

2) 水粉画调色及用笔

(1) 调色方法

①混合法:在调色盘上,把几种颜色混合在一起调和成所需要的颜色,再表现到画面上。也可以把几种颜色在画纸上直接混合(图4.25)。

图4.25 混合法

②重叠法:在一块干透的颜色上面,用"扫"的方法画上另外一种颜色,使两种颜色远看形成另外一种色彩,而且色彩层次丰富(图4.26)。

图4.26 重叠法

③并置法:并置法也称色彩的空间混合,像红和蓝并置在一起,远看就呈紫调子。这种方法装饰性强,西方点彩派画家就用这种方法(图4.27)。

(2) 用笔 用笔是水粉写生中比较重要的一个方面,是塑造形体、表现物体质感的基本手段。在水粉写生中常用的用笔方法有以下几种。

①涂:用笔在画面上来回拖动(图4.28),这种方法适合画大面积区域,如衬布、背景等。

②摆:调好颜色之后,用笔一笔一笔摆在画面上(图4.29)。这种方法笔触明显,多用于塑造形体结构。

③拖:笔触在纸上拖长(图4.30)。

④点:用笔尖在纸上点出大小不同的点,在作画时要注意疏密变化(图4.31)。

⑤刮:用笔杆或者铲刀在涂过的色块上刮出线条(图4.32)。

⑥扫:用笔锋在纸上干扫(图4.33),这种用笔方法要蘸少量的水才能表现出效果。

图4.27 并置法

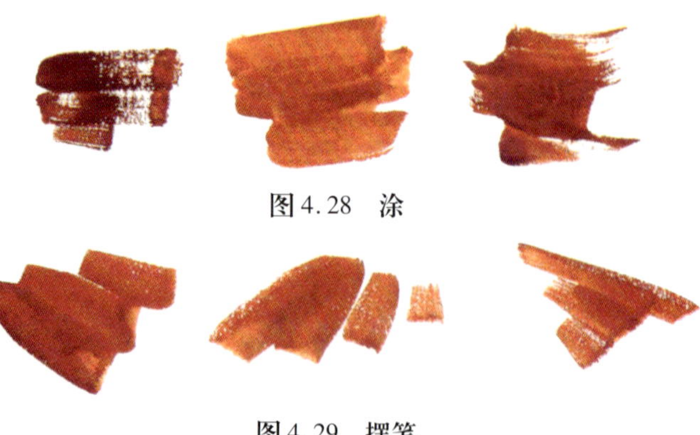

图4.28 涂

图4.29 摆笔

图4.30 拖

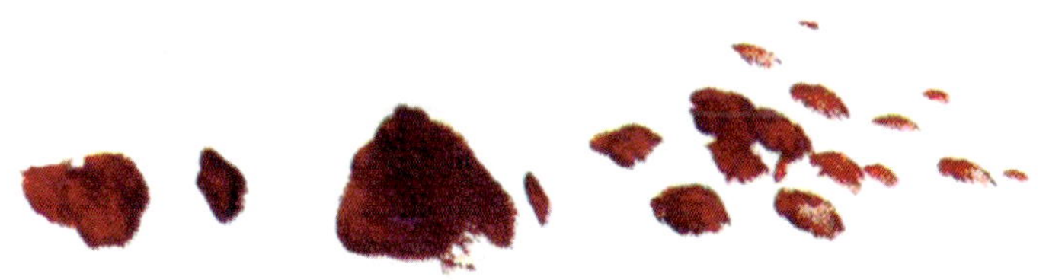

图4.31 点

图4.32 刮

图4.33 扫笔

3. 水粉静物写生

1)单个物体训练

刚开始画水粉画,一般都从单个物体入手(图4.34)。在作画时要注意构图、物体的色彩变化、物体的质感表现等方面的问题。也要注意几个先后,先湿后干、先色后粉、先暗后浅、先薄后厚。不过这几个先后也不是一成不变的,有时为了画面效果,也可以反其道而行之。

图 4.34 单个物体图片

(1)苹果的画法步骤(图 4.35)

图 4.35 画苹果的步骤

①观察物体特征,用铅笔起稿,等熟练之后也可以直接用颜色起形。

②用熟褐或者蓝色勾形,把明暗关系大概表现出来,用色可以薄一点。

③调出物体暗部的色彩,先从暗部着手逐渐过渡到亮部。观察色彩变化,色彩表现要自然,不要把颜色画得很生。

④深入刻画,这个苹果一半黄色一般红色,注意暗部向亮部过渡时色彩的衔接。

⑤整体进行调整,和实物再进行比较,处理一下细节的部分。完成作品。

(2)单个水果图例(图4.36—图4.40)

图4.36 石膏的色彩范例

图4.37 梨的画法

图4.38 橘子的画法

葡萄形体比较复杂，可以先将它归纳为一个多面方体，并且区分出它的三大面：亮面、灰面与暗面。有些同学抓大形的时候如果一时很难把握葡萄的轮廓形，也可以运用这个方法，由大到小去逐渐找出所有的形状

图4.39 葡萄的画法

图4.40 西红柿的画法

(3)罐子的画法步骤(图4.41—图4.43)

图4.41 画罐子的步骤

①观察物体特征,用铅笔起稿,表现出大的黑白关系。

②用熟褐或者蓝色勾形,把明暗关系用单色大概表现出来。

③调出物体暗部的色彩,先从暗部着手逐渐过渡到亮部。要努力找罐子色彩的变化,罐子受到光源和环境的影响,冷紫色的反光比较多。

④深入刻画,罐子用笔要干脆,色彩要有丰富的变化,用色不要过于单一。注意暗部向亮部过渡时色彩的衔接。

⑤整体进行调整,和实物再进行比较,处理一下细节的部分。完成作品。

图4.42 画罐子的步骤

图 4.43 画瓶子的步骤

(4)单个物体写生范例(图 4.44、图 4.45)

图4.44 单个物体写生范例

图4.45　单个物体及简单组合写生范例

2)静物组合训练

3种不同风格的表现方法,如图4.46—图4.48所示。

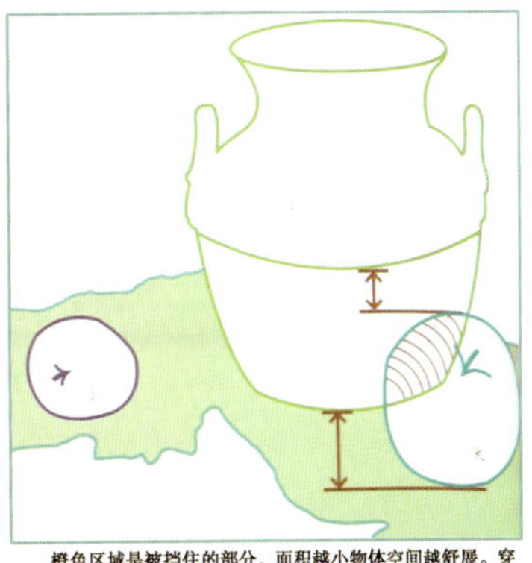

橙色区域是被挡住的部分，面积越小物体空间越舒展。穿插和遮挡使画面空间具有层次变化。形体偏大的物体之间更要注意穿插遮挡关系。主要物体遮挡次要物体，低的物体遮挡高的物体。

两个水果之间形成近大远小的关系。

图4.46 水粉静物组合的写生步骤

图4.46 水粉静物组合写生步骤：

①确定物体的位置，画准罐子及其他物体的形和明暗。

②从暗部画起，开始用色不宜太厚，迅速铺好大关系，形成统一的整体效果。

③画出物体色彩的亮部色彩，用笔要大胆概括。可以先从主体开始，向四周展开来画。同时要注意画面的节奏感、远近的空间关系、色彩之间的呼应等。

④从罐子开始，对物体进行深入刻画，处理好物体的固有色、环境色及光源色的关系。

⑤调整画面，使画面更加协调、完整、层次分明、色彩生动。完成作品。

图4.47　水粉静物组合的写生步骤

图4.47水粉静物组合写生步骤：

①根据摆放的物体，先用铅笔轻轻勾勒出物体的基本造型和位置，再用熟褐钩形，注意构图。

②从暗部画起，开始用色不宜太厚，迅速铺好大关系，把握好色调倾向。

③深入塑造，可以先从主体开始，向四周展开来画。同时要注意画面的节奏感、远近的空间关系，色彩之间的呼应等。

④从整体出发，调整画面，使画面更加协调、完整，层次分明，色彩生动。

图4.48 水粉静物组合的写生步骤

图4.48 水粉静物组合写生步骤：

①快速定好画面中各个物体的位置关系，并用单色勾出各个物体的基本形状及桌面透视线。把衬布的布纹走向也要画出来，在起形时注意构图。

②铺画面大的色彩关系，可从环境色与衬布入手，注意黄色衬布的前后色彩变化。

③将画面的颜色铺满，确定整个画面的基调，铺色时要注意物体的明暗关系，可以先从主体开始，向四周展开来画，抓住物体的固有色、环境色及光源色的关系。

④从整体出发，深入刻画各主体，使它们的形体与色彩更加生动，把握好物体之间的相互关系及空间关系。使画面更加协调、完整，层次分明，色彩更加生动。

3）水粉画欣赏（图 4.49—图 4.58）

图 4.49

图 4.50

图 4.51

图4.52

图4.53

图4.54

图4.55

图4.56

图 4.57

图 4.58

任务 3 色彩风景写生

室内静物写生训练基本掌握后，就必须走到室外进行风景写生。室外风景写生和室内风景写生有很大区别，室外空间范围大，景物复杂，而且光线变化快。也可以说，我们学习色彩静物写生是为深入学习风景色彩写生打基础、做铺垫。通过风景色彩写生训练，色彩写生能力又会进一步提高。

1. 色彩风景注意的问题

想要画好色彩风景，要注意解决以下几个问题：

1) **选景**

风景写生题材非常广泛，要从中选择一处美景来作画，也很难取舍。对于初学色彩风景，在选景时要选择一个比较简单、平远的景色来画。而且最好选择具有近景、中景、远景的平远风景，这一类风景可以明确视平线在画面中的作用。但在写生时如果将所见的一切都描绘下来是不可取的，有时为了构图美必须把影响画面效果的景物去掉，从而充分表现主体（图 4.59）。

图4.59　室外写生选景

2)构图

色彩风景千变万化,但基本要求就是要画面构图完整、稳定,主题明确。下面集中举例几个常用构图(图4.60)。

(1)垂直构图　垂直构图常用来表现较高的建筑、树木等,画面中的景物以垂直的总体特征表现,给人高耸、挺拔的感觉。

(2)三角形构图　给人稳定、安全的感觉,常用来表现主体景物的高大、稳重。

(3)水平构图　指各种景物以水平横向的方向向两边展开,给人平静、宽阔的感觉。

(4)S形构图　也称作"之"字形构图,像绵延的小路,有一种曲折、延伸、流动的韵律之美。

垂直构图

十字构图

S形构图

三角形构图

水平构图

对角线式构图

拱形构图

辐射式构图

倒三角形构图

综合式构图

图4.60 风景写生中的构图方法

3）透视与空间

透视关系是表现风景画空间感的主要因素。由于透视关系，景物会产生近大远小、近实远虚的距离缩减现象。绘画中常用的透视方法基本上就是一点透视和两点透视（图4.61）。

一点透视　　两点透视

三点透视

图4.61　透视方法

2. 风景色彩训练

1) 色彩风景写生步骤

(1)实例1(图4.62)

①先观察,选择好绘画对象后,安排好画面布局,要注意前后远近关系、景物之间穿插关系。开始起形,可用铅笔先起形,再用单色勾边。

②铺大体色,注意把握好画面的整体感及色调关系。

③注意用色,尤其是画面当中的绿色,不要画成想象中的绿颜色,要用冷暖关系区分景物的前后关系。

④进一步深入刻画,丰富画面内容,调整整体关系,不要因小失大,还是要抓住整体。对主体物进行细致刻画。

⑤对画面进一步调整,完成作品。

步骤一:用单色起形,注意颜色不要加太多水,适当干一些,抓住关键的明暗交界的地方和转折点,一定要概括不要拘泥于细节

步骤二:一般从面积最大的颜色铺起,迅速抓住出画面的基本调性,这一步非常重要,决定了画面的整体色调,一定注意概括

步骤三:适当地开始收拾一下物体的轮廓线,注意前景、中景和远景的虚实关系,主要收拾中景。把东西的形状慢慢交代清楚,可以多勾线

步骤四:围绕着中景开始深入刻画,用点、摆、提、压的方式强化中景的视觉效果。切忌面面俱到,一定要区分出主次关系

图4.62 色彩风景写生步骤

(2)实例2(图4.63)

①

②

③

④

⑤

图4.63　色彩风景写生步骤

①经过仔细观察，选择好所画对象后，安排好画面整体布局，注意静物前后的远近关系和房屋的透视关系。用单色开始起形，大概表现出明暗调子。

②先铺大体色，注意各个物体间的色彩关系，要抓住对物体的第一色彩印象。不要把天空的色彩画成概念中的蓝色，作画时间是傍晚，要体现出黄昏的色彩感觉。

③进一步深入，把房屋、地面的前后关系用几大块面区分开来。把握好画面的整体感，不要只盯着局部看，要照顾到前后左右的景物，同步进行，不要一处景物都画完了，其他的还没有刻画。

④深入塑造阶段，要注意用色，尤其是大树的绿叶色彩，受到光线照射会产生各种色调的绿，还有虚实的远近关系要用冷暖色表现出来。

⑤对画面进行调整，分幅画面细节及内容，完成作品。

2）色彩风景作品欣赏（图4.64—图4.78）

图4.64

图4.65

图4.66

图4.67

图4.68

图4.69

图4.70

图4.71

图4.72

图4.73

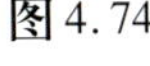

图4.74

图4.75

图4.76

图4.77

图4.78

课堂训练

1) 训练内容

(1)进行色彩调和练习,画色轮表(参照图4.5)。
(2)单个静物的色彩临摹及写生训练。
(3)水粉静物组合临摹及写生练习。
(4)色彩风景临摹,到室外进行色彩风景写生。

2) 训练要求

(1)学会观察,发现物体微妙色彩变化。
(2)学会概括、提炼自然物象。
(3)画色彩画调色很重要,要善于运用复色。

拓展训练

1) 训练内容

花卉色彩写生。

2) 训练要求

(1)认真观察对象的特点、外形结构及色彩变化。
(2)色彩表现不能拘于小节,要注意概括、提炼。

目标考核

优良:
(1)熟练掌握色彩理论知识。
(2)熟练掌握水粉画的性能和方法步骤。
(3)熟练掌握色彩静物和风景的表现技法。
(4)色调和色彩关系准确,画面效果好。
合格:
(1)掌握色彩理论知识。
(2)掌握水粉画的性能和方法步骤。
(3)画面效果一般。

模块3

园林专业应用技能

项目5 园林景观效果图表现技法

[知识目标]

效果图表现技法训练从最基础的设计元素入手，根据专业需求及个人的实际情况，由小到大，由浅入深逐步推进，了解多种效果图表现技法。

[能力目标]

通过课内、课余的不间断训练，在训练过程中迅速掌握效果图表现的基本方法，并熟练运用到设计中去。

任务1 水彩表现技法

水彩效果图属于早期的画法，但因其画面物体结构表现清晰，适合表现结构变化丰富的空间环境，所以现今仍有许多设计师采用这种表现方式。水彩颜料颗粒细腻而透明，介于水彩和透明水色之间，颜色叠加时会透出底层的颜色，所以画面比较明快、透气、透亮(图5.1—图5.3)。

图5.1 水彩笔及表现效果

图5.2　水彩效果图　国外作品

水彩技法着色步骤：

本着大处入手、层次分明、细节刻画、整体把握的原则进行着色。园林景观效果图一般从天空入手，天空作为大的背景，可以先设定天空的状态，如晴天、晚霞等。

①用铅笔画出草稿，再用针管笔勾线，勾线结束后，擦净铅笔痕迹（图5.4）。

②绘制大背景，如天空、地面等。这一步可选用湿画法，即先用没有颜色的大号毛笔蘸水将要画的部分打湿，即可用有颜色的毛笔进行绘画（图5.5）。

③用相对较淡的色彩绘制地面、草坪等。要注意留白，保持画面的通透感（图5.6）。

④根据设定好的光线，进行景物大面积背光及阴影的绘制。同时对周边环境进行大关系描绘（图5.7）。

⑤绘制景观建筑装饰色，并对人物进行着色，对画面细节逐步着色（图5.8）。

⑥调整，勾轮廓线，提亮高光，对细节、局部进行调整，保持画面的整体性（图5.8）。

图5.3　水彩效果图　佚名

图5.4　第1步　素描稿

图5.5 第2步 天空、背景

图5.6 第3步 地面、草坪

图5.7　第4步　投影、阴影

图5.8　第5步、第6步　细节处理及完善画面

(《环境艺术设计手绘表现技法》　李春郁)

任务2　水粉表现技法

水粉效果图和水彩效果图一样同属早期的效果图表现形式,但其具有表现力强、色彩饱满、不透明、覆盖力强、易于修改的特点,主要是通过有色的干、湿、厚、薄来产生画面丰富的艺术效果,适合多种空间的表现(图5.9、图5.10)。

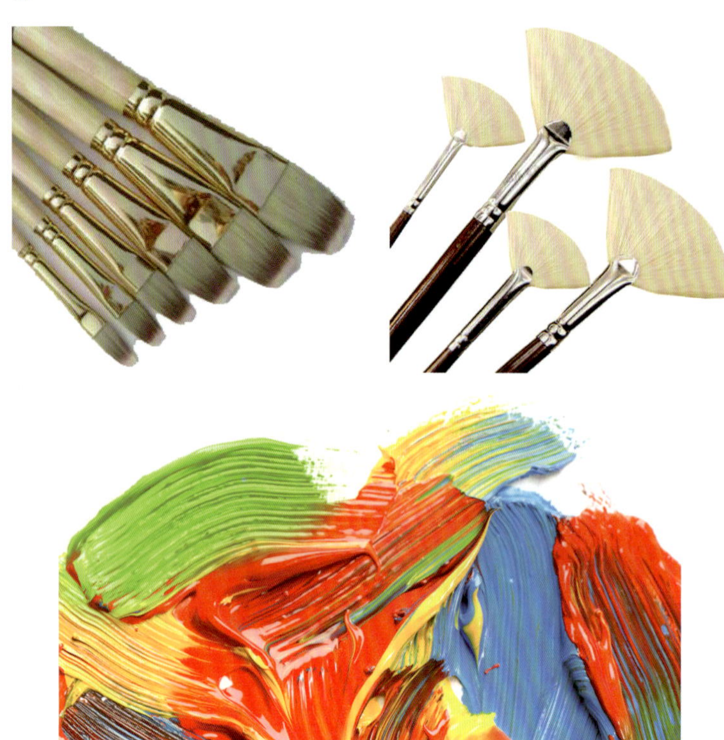

图5.9　水粉笔及表现效果

图5.10　水粉宾馆景观效果　佚名

水粉技法举例及步骤：

①用群青色起形，铅笔也可以。抓住画面大的结构关系。形体可以起得具体一些，也可以模糊一些，没有特别明确的要求。但基本的天空，陆地，水面，花草的位置和形状得先画出来，标好位置。（图5.11）

②铺色，也就是画面的大关系处理。主要运用到的颜色有：白色，群青，浅黄色等几个简单的颜色，主要注意的是画面的前后空间关系。笔触的方向要注意。比如天空横用笔好一些。这时候最好先从最后面的颜色开始画起，薄一些，水分可以多加一些（比如天空的颜色），水分的控制在画面表现中非常的重要。这一步画完后，画面大的感觉就得出来了，天空，地面，水面等的划分就比较清楚了。注意颜色尽量一次调准，画好，不要覆盖和修改（图5.12）。

③逐步地开始深入塑造，丰富画面颜色，特别注意绿色和蓝色的搭配。把自己能看到的环境色有选择地添加到画面当中。树干及草地等开始有节奏地塑造。深入细节的把握，船的形状慢慢地要表现出来，画面中的笔触该留的尽量留着，不要把画面画平了（图5.13）。

④用亮颜色添加少许环境色。水中的倒影等可以画得再精致一些，具体一些，体现出塑造感（图5.14）。

⑤用白色点缀一下局部（比如，天空中与地面交接的地方），整体调整一下画面。用扇形笔调一个较深的绿色添加一些草地的笔触，让画面显得更丰富完整。基本就可以完成了（图5.15）。

图5.11　第1步　起稿

图5.12　第2步　铺色

图5.13　第3步　深入塑造

图5.14　第4步　环境色表现

图5.15　第5步　整体画面把控

任务3　钢笔淡彩绘画技法

钢笔淡彩是以钢笔为主、色彩为辅，在钢笔线稿的基础上施以淡彩上色，简明快捷，丰富而含蓄地表现景物。钢笔可以解决基本造型问题，起到素描的作用，概括的色彩又可以增加气氛的渲染，增添画面的表现能力（图5.16）。

图5.16　风景写生　佚名

钢笔刻画景物时，要尽量完整、概括地表现景物的空间结构关系，并在亮面部分留下空间，待上淡彩时绘画（图5.17）。

上色时应注意色彩应该浅淡，不要遮盖住钢笔稿，画出透明的效果（图5.18）。

钢笔淡彩举例及步骤：

①用铅笔画出草稿，定好大的位置（图5.19）。

图5.17　钢笔素描+淡彩表现

图5.18　钢笔淡彩　宗野纯也（日）

②用钢笔勾线，画出大致明暗。勾画顺序由前景向背景进行，从外向内画，勾画物体的空间透视关系，处理好大体的明暗，强调线条的虚实，近实远虚，钢笔稿结束后，擦净铅笔痕迹（图5.20）。

图5.19 第1步 用铅笔画出草稿,定好大的位置

图5.20 第2步 用钢笔勾线,画出大致明暗

③薄薄地涂上色彩。着色前对整个画面的色彩有一个基本的思考,从远景开始,选用偏灰的绿色对远景植物进行铺色,暖色靠前,冷色靠后。在适当部分加入点缀色和画面主色调的对比色,其他部分继续深入,此时,色彩全面铺开(图5.21)。

④逐步完善整个画面的色彩关系。较为细致的刻画,统一整幅画面的色调,添加阴影、倒影,使画面层次丰富,立体感强烈(图5.22)。

⑤完善整个画面的大部分色彩,包括天空的色彩。钢笔淡彩稿需要勾画出简单的明暗调子,色彩薄而透明,作品完成后依稀看出钢笔的线条,画面的后面增加了植物,以完善画面的构图,达到画面的均衡(图5.23)。

图5.21 第3步 薄薄地涂上色彩

图5.22 第4步 逐步完善整个画面的色彩关系

图5.23　第5步　完善整个画面的大部分色彩，包括天空的色彩

任务4　彩铅表现技法

彩色铅笔使用方便，技法简单，风格典雅，所以很受设计人员的喜爱。目前市场上常见的彩色铅笔有两种：一种是普通的蜡基质彩色铅笔，另一种是水溶性彩色铅笔。水溶性彩色铅笔遇水后可晕化，产生水彩效果，如果用于水彩、水粉效果图的辅助工具，彼此可以相得益彰（图5.24）。

图5.24　彩色铅笔及表现效果

彩色铅笔技法举例及步骤：

①用铅笔画出草稿，定好基础线稿。

②着色，确定画面的明暗层次。可以先从画面的主要部分着色，也可以从主体建筑或者中心景观开始着色，注意明暗关系，每个部分均需要均匀地涂上第一层浅色。并注意在上色的过程当中，刻意地留白，而不是整个部分均匀涂色（图5.25）。

图5.25 第2步 彩铅初步表现

图5.26 第3步 用排线法确定画面上半部分天空的大体效果

图5.27 第4步 画面整体着色

③添色（增加天空效果）。天空的上色，可以留白或者用浅蓝色长水平线或小弧线或交织线条来表现，均可较好地体现天空效果（图5.26）。

④画面整体着色。给周围绿色植物上淡色，确定物体的固有色。在上色的过程当中，同样应该注意色彩的明暗关系，填充绿色及地面效果（图5.27）。

⑤增加画面主体——树的效果，强调对主体的表达。全面调整图面整体表现。注意前景植物应该选择明度较高的绿色，而中景、远景的植物根据远近情况来选择不同灰度的绿色，使整个画面效果有重有轻（图5.28）。

①　②　③

图5.28　第5步　突出主体的表达

⑥全面调整，拉大画面的明暗关系（图 5.29）。

图 5.29　第 6 步　全面调整，拉大画面的明暗关系

任务 5　马克笔表现技法

作为手绘效果图的快速表现，马克笔是目前较为理想的表现工具之一。马克笔分为油性马克笔和水性马克笔两类（图 5.30—图 5.32）。

图 5.30　马克笔及表现效果

图5.31　马克笔技法效果图(摘自《中国手绘第三辑》　沙沛)

图5.32　马克笔技法效果图　陈红卫

马克笔色彩为透明液体,基本不具备覆盖性,着色后无法更改,因此,着色时需要选用设定好颜色的马克笔进行绘制。马克笔的运笔主要有点笔、线笔、排笔、叠笔、乱笔等。

马克笔着色步骤:

①绘制大的投影关系,让画面立体(图5.33—图5.35)。

图5.33　第1步

图5.34　第1步

②在第一遍色干后再绘制第二遍色(图 5.36)。

③可将彩铅运用其中,用于马克笔之前的大关系表现或最后的收尾润色(图 5.37、图 5.38)。

图 5.35 第 1 步

图 5.36 第 2 步

图 5.37 第 3 步

图 5.38 完成(摘自《手绘教学课堂》 夏克梁)

任务 6 电脑效果图

在园林效果图表现方式中,电脑效果图表现已经成为技法表现中的一个必要手段,因其逼真的效果,使人们在看到实物之前对实际设计效果有较直观的认识。

1. 常用软件

在园林效果图表现中主要应用的设计软件有 AutoCAD、3DMAX 和 Photoshop。AutoCAD 主要负责平面建模的部分,3DMAX 主要负责三维建模、绘制渲染及动画制作三大部分,Photoshop 在效果图制作中主要做一些后期处理工作。除此之外,还有一些软件是我们在设计制图中经常用到的,如 CorelDraw、Painter、Maya 等。将这些软件结合应用,就能够做出效果良好的平面图、立面图、效果图等设计常用图(图5.39)。

图5.39　实体建模效果图　佚名

2. 效果图建模

建模的方法主要有以下几种：

(1)实体建模　实体建模适合用来建立园林效果图中的园林建筑、雕塑、建筑小品、道路、山体、地形、水体等(图5.39)。

(2)贴图模型　贴图模型有Opacity(不透明)贴图模型和RPC全息模型两种模型。在园林效果图的制作中,这种建模方式适合用来建立树木、花草、人物、交通工具等模型(图5.40)。

图5.40　贴图建模效果图　佚名

(3)粒子模型　粒子模型在园林效果图的制作中,可以用来制作喷泉、瀑布等园林水景(图5.41)。

3. 场景渲染

(1)材质与贴图　3DS MAX 提供了多种材质,只需在标准材质的基础上修改就可以了,在这个阶段需要进行反复调节以达到效果。准确创建材质的一个关键技术就是准确地将位图和模型的编辑修改器对齐,并有合适的比例及相应的材质特性。

(2)灯光　光源是整个效果图中的关键因素,应用最广泛的是:目标聚光灯、泛光灯与目标平行灯。在三维场景中通过灯光来决定一场景的基调或是感觉,烘托场景气氛。园林效果图的细节则需要通过灯光与阴影的关系来刻画。但园林效果图的好坏不仅取决于灯光,材质也同样在起作用,因此在调整灯光时要注意同时不断调整材质的颜色,使二者相互协调。

(3)渲染　我们在制作效果图之前要先确定渲染器的类型,不同的渲染器对模型制作、表面材质、灯光设置等有不同的要求,会直接影响园林效果图的表现效果。在制作效果图时根据对效果图的要求来选择不同的渲染器。在每一次渲染完成后,都要仔细观察模型、材质、灯光、透视角度等各方面的整体构图和细节刻画,并对不满意的部分进行及时调整和修改。最后将调整好的渲染图保存,以便在 Photoshop 中调出做后期处理(图 5.42)。

图 5.41　粒子模型-水体效果　佚名

(1)

(2)

图5.42　住宅小区不同光线效果图　佚名

4. 后期处理

后期处理对园林景观效果图来说，主要是对其配景和背景进行必要的添加、修改，是效果图制作中最后一个步骤，也是最重要的一步（图5.43）。Photoshop是此步骤中的常用软件。

的密闭程度，也就是植物或墙体的高低所营造出来的空间效果，如图5.46—图5.48所绘制。

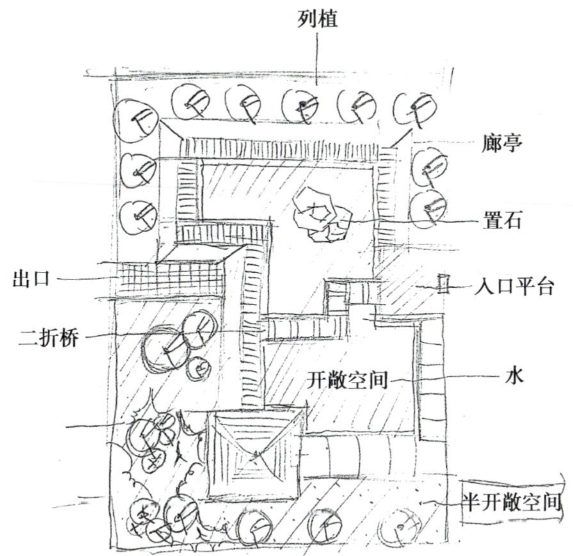

图5.46　手绘草图线稿

图5.47　半开敞空间　　图5.48　封闭空间

②平面线稿CAD图的绘制。结合草图的方案尺寸，利用AUTO CAD软件绘制出平面图。绘制时需注意操作由外带内，由粗到细，由简到繁。先制作轮廓线，根据所提示的图形尺寸，绘制出图形的轮廓线（图5.49）。然后，在建立图层的时候，将相应的图层建立在一个层上，以方便后期整理；对需要填充的图形在相应的图层进行填充。最后，进行图形尺寸标注说明（图5.51）。

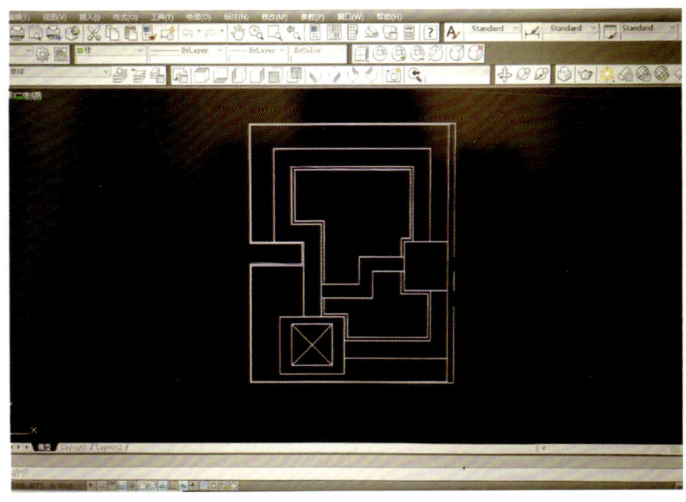

图5.49　分图层制作轮廓线

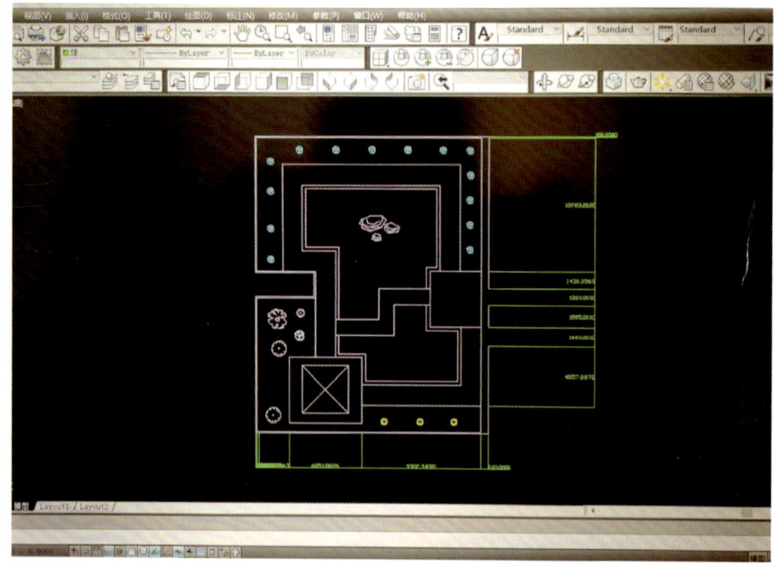

图 5.50 标注尺寸

③Photoshop 彩平效果图制作。首先,把做好的 CAD 图形保存为 JPG 格式用 Photoshop 打开,先用套索工具进行扣图,然后建白板放在最下边层,然后将之前所储存的素材图片填充到对应的图层中,也可以通过渐变,添加蒙版效果进行填充。最后,将 Photoshop 素材里的人物、植物等要素拷贝到图形当中(图 5.51、图 5.52)。

图 5.51 用 Photoshop 软件打开 CAD 平面图进行彩平的绘制

④草图大师 SketchUp 绘制景观效果图。通过导入的方法把 CAD 平面图 JPG 格式的图形导入草图大师里面,绘制出立体效果。最后通过草图大师工具栏中的直线、油漆、旋转、移动、推拉、缩放等工具命令完成效果图的绘制(图 5.53、图 5.54)。

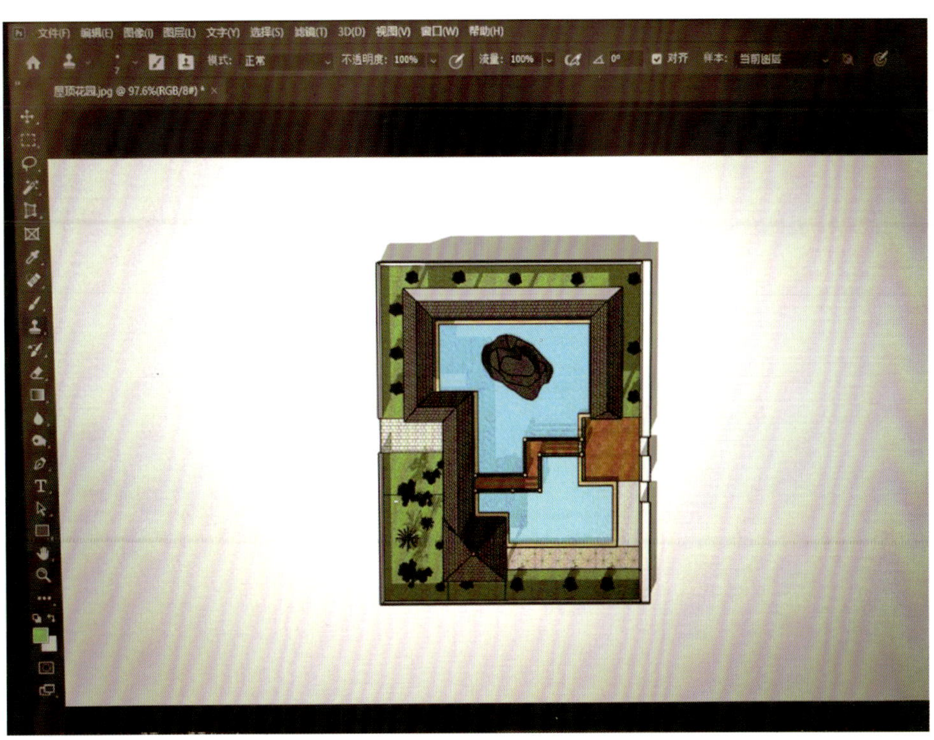

图5.52　填充素材后的平面效果

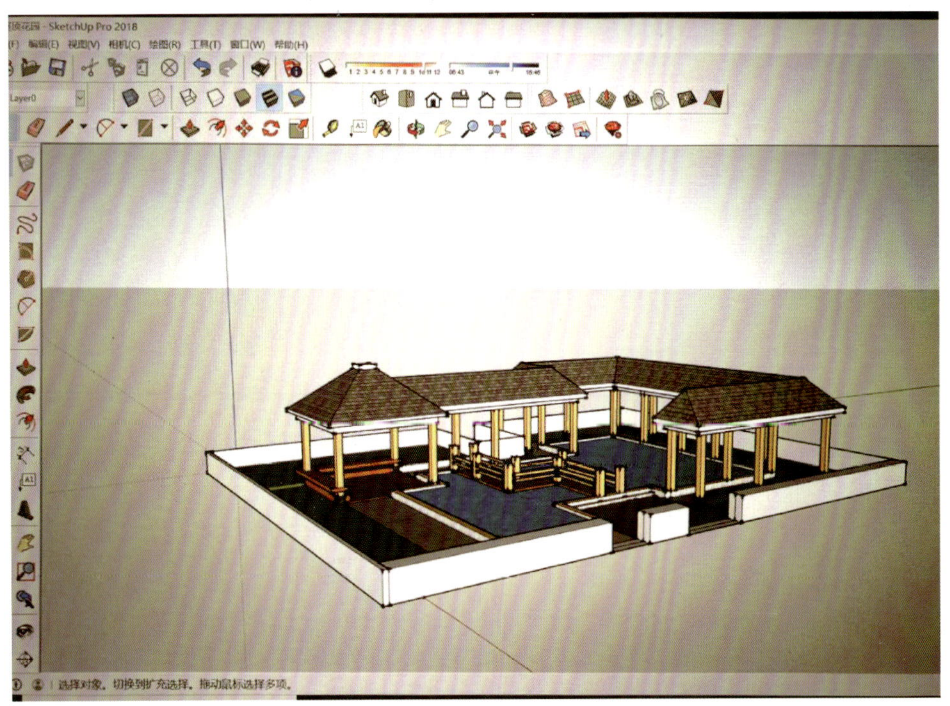

图5.53　草图大师绘制的效果图

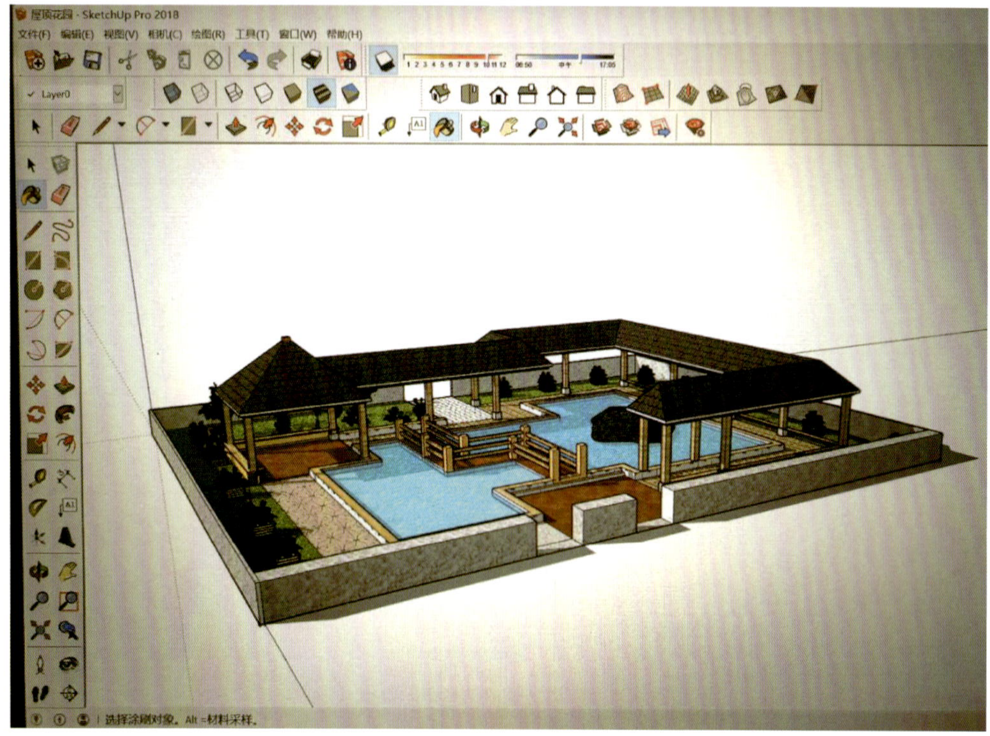

图 5.54 **素材填充、调整后的效果图**

课堂训练

(1)水彩练习 中式传统建筑写生;

(2)水粉练习 对园林小景、雕塑、园林植物等进行写生练习;

(3)钢笔淡彩练习 自选植物、园林景观小品等作品,进行线条临摹练习。加强造型能力训练,快速表现园林、景观;

(4)彩铅练习 园林水景的表现练习;

(5)马克笔练习 庭院马克笔效果图。

项目小结

解决效果图绘制表现技法问题以及学生在效果图绘制中常出现的问题:

(1)构图过于平淡,没有重点。

(2)色彩过于单调或过于鲜艳,在初学阶段绘图者很容易出现这类问题,认为色彩丰富就是颜色鲜艳,导致画面中各物体的色彩无法呼应。

拓展训练

1)训练内容

(1)写生园林景观,手绘效果图表现方法不限。

(2)电脑制图练习,利用电脑制作园景平面图、立面图及鸟瞰图。

2)训练要求

主题明确、透视准确、用线精准、色彩干净饱满。

目标考核

(1)线条练习中要求用线生动、造型准确。用笔时,线条要肯定、有力,保证线条的流畅性,同时还要注意形体的特征和结构。

(2)注意水流、水面的不同形态表现及技法。配景组合及景观空间局部练习注意相互之间的明暗关系、空间层次,从写实手法着手练习,逐步过渡到概括表现再到快速表现。

(3)注意构图布局合理,找出画面的趣味中心,避免画面平淡、主题不清;色彩方面要注意色彩关系,切不可使色彩孤立、缺少相互之间的联系;画面统一。

项目  园林植物配置与造景

［知识目标］

学习园林植物配置的基础知识，熟悉和了解园景设计的风格类型。

［能力目标］

通过课内、课余的不间断训练，在训练过程中迅速熟悉各种园林植物及园景设计审美法则。

任务1　公园、私园、宾馆植物造景

1. 公园植物造景

城市公园主要以绿化为主，常有大片树林，为市民提供休息、游览之用的公共活动空间。城市公园属于城市景观绿地系统的一个重要组成部分，具有改善城市生态、美化环境的作用（图6.1—图6.3）。

图6.1　公园植物景观

图6.2　湖北省天门市东湖公园效果图
广州土人景观设计

图6.3 纽约中央公园 弗雷德里克·劳·奥姆斯特德、
卡尔弗特·沃克斯 （美）

2. 私园植物造景

私园设计的风格主要有中式传统、日式庭院、西方传统、现代庭院。

1)中式传统庭院

中式传统庭院是中国传统园林的缩影，讲求“虽由人作，宛若天开”的诗情画意。多为自然格局，由于面积较小，多采用简化、仿意的手法创造写意的意境，植物种植尊重植物原有形态，结合草坪适量栽种梅、竹、兰、菊、美人蕉、芭蕉及藤蔓植物(图6.4—图6.7)。

图6.4 中式传统庭院 苏州网师园

图6.5 中式传统庭院 苏州留园

图6.6 新中式庭院手绘效果图 佚名

图6.7 中式庭院电脑绘图 佚名

2)日式庭院

日式庭院很大程度上是盆景式庭院,以枯山水为主,少量点缀灌木、苔藓、蕨类植物(图6.8)。

图6.8 枯山水景观 日本

3)西方传统庭院

西方传统庭院主要是以文艺复兴时期意大利庭院为蓝本,强调整齐、规则、秩序、均衡。庭院平面布局,突出轴对称的几何图案,运用大量的喷泉、雕塑等;植物以常绿树为主,配以整形绿篱、模纹花坛,取得俯视的图案美效果(图6.9—图6.11)。

图6.9 凡尔赛宫 法国

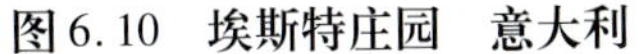
图6.10　埃斯特庄园　意大利

图6.11　西方庭院手绘表现　佚名

4)现代庭院

现代庭院设计模糊了流派的界限,注重宜人的尺度,考虑现代人的生活方式,运用现代材料,整体风格简约、明快。常栽植棕榈科植物,设置彩色景墙,水池也常做泳池使用,喷泉设计多与灯光艺术相结合(图6.12)。

图6.12　现代庭院

5)宾馆植物造景

宾馆是不同于公园或私园的一个商业性公共空间,因此宾馆的造景更讲求时代性、主题性,多选用雕塑、喷泉(图6.13—图6.15)。

图6.13　景园小景　佚名

图6.14　建筑手绘表现　杜健

图6.15 庭院手绘表现 佚名

植物常选用棕榈科、天南星科、巴西木等,也常选用一些花卉及一些仿真植物(图6.16—图6.18)。

图6.16 宾馆绿植小景效果图 佚名

图6.17 植物造景/景源手绘创意营 欧阳辉

图6.18 宾馆绿植小景效果图 佚名

任务2　道路绿化配置

道路属于线性空间，将城市分为若干地块，并将建筑、广场等空间串联起来。道路绿化设计是道路设计的核心，良好的绿化设计除了美化环境还可调节道路附近区域的湿度，吸附尘埃，减少噪声，一定程度上改善了周围环境的小气候，是景观绿化的重要组成部分（图6.19、图6.20）。

图6.19　景观步道　佚名

图6.20　景观步道　高明飞

道路绿化配置要点：

①道路绿化占道路总宽的20%～40%（图6.21）。

②绿地种植不得妨碍行人和行车的视线，交叉路口视距三角形范围内不能布置高度大于70 cm的绿化丛（图6.22）。

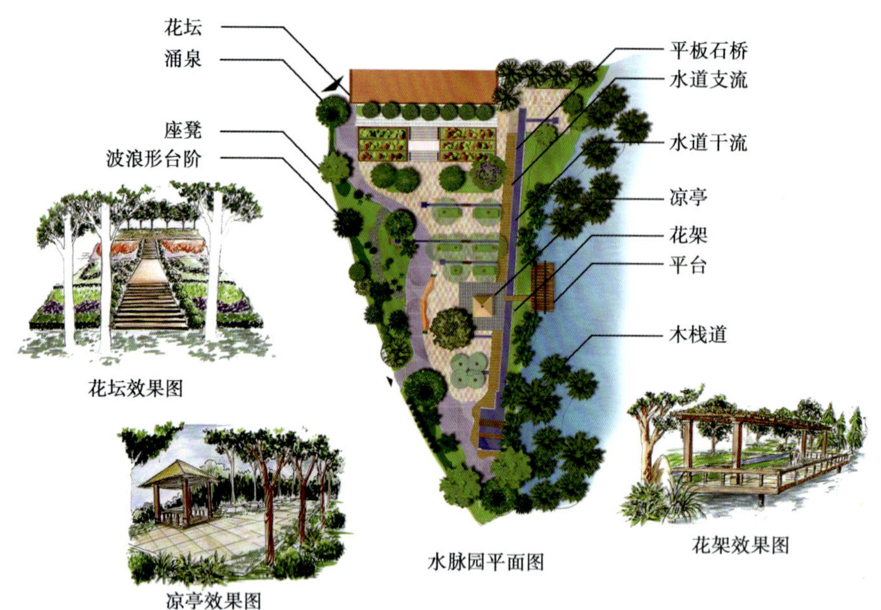

图 6.21　园林景观细节图　佚名

图 6.22　道路铺装表现　佚名

③遵循统一、调和、均衡、节奏、韵律、尺度、比例七大形式美准则，在植物配置上体现多样化、个性化结合的美学思想(图 6.23、图 6.24)。

④植物选择要考虑道路的功能、走向、沿街建筑风格及当地气候、风向等条件，将乔木、灌木、草皮、花卉进行多形式组合(图 6.25、图 6.26)。

⑤行道树要选择形态美观，耐修剪，适应性、抗污染性强，病虫害少，少落花，少落果无飞絮

的植物(图6.27)。

⑥道路休息绿地以植物为主,搭配长椅、宣传廊、凉亭、花架等(图6.28、图6.29)。

图6.23　景观道　佚名

图6.24　水景及景观步道　佚名

图6.25　水景及景观步道　佚名

图6.26　景观步道　沙沛

图6.27　街景　国外

图6.28　道路休息绿地、座椅、台阶　佚名

图6.29 凉亭 杜健

任务3 景观园林效果图赏析

图6.30 例1:手绘作品节选 陈红卫

图6.31 例2:景观节点手绘表现

图 6.32 例 3:建筑景观小景手绘表现

图 6.33 例 4:景观湿地手绘表现

课堂训练

训练内容

(1)配景练习 选择水景景观和植物景观等进行临摹练习。配景组合练习可分为植物和植物的组合,也可分为植物和石头的组合及植物和公共家具的组合等。

(2)手绘效果图创作 园林景观效果图临摹及创作练习。临摹范例效果图并搜集配景资料，配以现场写生，可以通过观摩他人景观平面设计图，进行主观调整，并以自身所收集的资料、配景等为素材进行创作。

项目小结

解决园景设计及配景设计中常出现的问题：

(1)园景设计构图过于平淡或过于分散，没有重点。

(2)配景色彩过于单调或过于鲜艳使配景之间无法呼应，注意配景设置是否过多。

拓展训练

1)训练内容

写生园景景观、步道。

2)训练要求

主题明确、透视准确、用线精准、色彩干净饱满。

目标考核

(1)配景练习要求配景设置合理，同时还要注意配景之间的协调性。

(2)园景设计注意构图布局合理，强调园景的趣味中心，避免画面平淡、主题不清；色彩搭配方面要注意色彩关系，注重整体统一。

项目 7 美术字与图案

[知识目标]

(1)掌握美术字的特点、书写规律和方法。

(2)了解图案的概念、属性、类别。

(3)掌握图案装饰的构成形式和方法,并通过对各种常见材料的分析和认识,让学生在园林设计中能够合理地选择和应用合适的图案形式。

[能力目标]

(1)通过对美术字和图案基础理论知识的了解,培养学生的审美能力、观察能力、造型能力以及搜索图案创作素材的能力。

(2)感受图案装饰在园林设计中的实际应用,具备知识的综合运用能力。

任务1 美术字

1. 常用的美术字体

美术字作为传递信息最直观的一种方式,在园林的设计中也经常被应用到,多出现在草坪、花坛的摆设、地面的铺装、导视牌的设计中(图7.1、图7.2)。因此了解各种美术字体的特点,恰当地运用字体就成了园林设计过程中必不可少的一项基础训练。

图7.1 公园牌匾

图7.2 地面铺装

在这里，我们所说的美术字多指常用的印刷体及在其基础上变形后的字体。

汉字的基础印刷字体发源于楷体，成熟于宋体并繁衍出仿宋、黑体及多种现代字体。就目前来说，常用的基本印刷字体大致有以下4种。

1）**宋体**

宋体字的特点是横细竖粗，点如瓜子，撇如刀，捺如扫。宋体字是应用最广泛的汉字印刷字体，具有稳重、典雅的风格（图7.3）。

方正小标宋简体
宋体
经典特黑简

图7.3　宋体笔画与实例

2）**黑体**

黑体又称“方体”，笔画粗细一致，醒目、粗壮，具有强烈的视觉冲击力（图7.4）。

方正大黑简体
黑体
经典特黑简

图7.4　黑体笔画与实例

3）**仿宋体**

仿宋体横竖笔画基本一致，竖画垂直，而横画略向上翘3°左右，笔画纤细，但充满灵秀之感（图7.5）。

方正仿宋简体
经典仿宋简

图7.5　仿宋体实例

4）**楷体**

楷体是在传统楷书基础上的延续，它的特点是笔迹有力、粗细适中、易读性高（图7.6）。

方正楷体简体
华文楷体

图7.6　楷体实例

2. 汉字绘写的基本规律

汉字又称方块字，由横、竖、撇、捺、点等笔画搭构而成。一个字是否端正均匀、美观大方，不仅取决于笔画的形态，而且笔画所构建的文字结构也非常重要。所以，在绘写汉字字体时，其基本要求是：字形匀称、结构严谨、笔画精当。

1）字形匀称

字形匀称是指字与字之间看起来大小均匀相称。因为汉字在笔画和结构上简繁不一、各不相同，要想让不同的文字在大小上匀称，我们可以以等大的“方框”作为衡量汉字大小的标准，依据汉字外廓的特点，把汉字分为以下几种：

（1）四边全满的字　如团、圆。

（2）三满一虚的字　如同、区。

（3）两满两虚的字　如匕、巫。

（4）一满三虚的字　如立、不。

（5）四面全虚的字　如人、令。

对于这5种外廓不同的汉字，我们要遵循一个原则——满收虚放，即满的一边要往框里边收，虚的一边要向框外放。

对于汉字的字形，还有一点要注意的就是汉字的书写习惯。

①向里收和向外放的程度要遵循汉字的基本书写习惯。

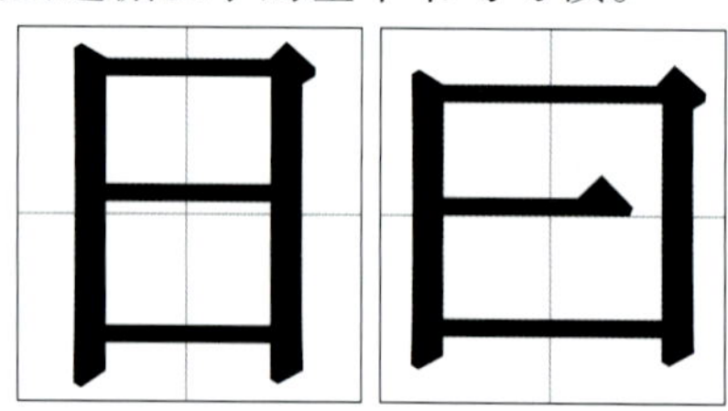

②文字内空间和外空间的留白要均匀。

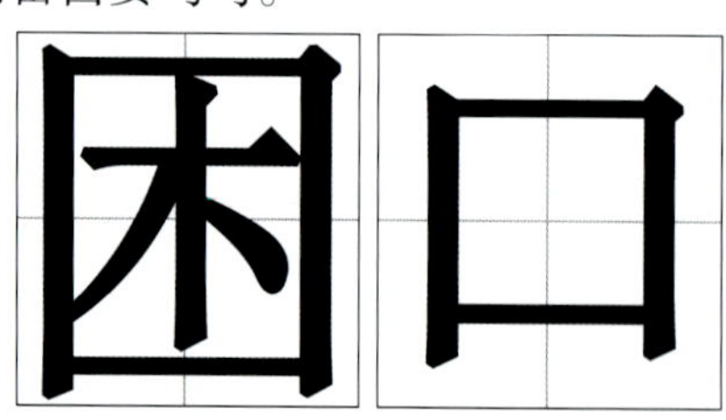

2）结构严谨

汉字的结构一指笔画的构成，二指偏旁部首的构成，想要写好美术字，就必须先要了解文字内部的结构关系。我们常见的汉字一般分为单一结构、左右结构、左中右结构、上下结构、上中下结构、全包围结构、半包围结构、左上右下结构8种结构形式。根据文字的不同结构特点，我们要遵循以下原则。

（1）中线为准，左右平衡

①中线是指文字的中轴线，它可以是文字的某一笔画，也可以根据文字结构虚拟而成。一

般来说有以下几种情况：

a. 中线上有一笔贯穿全字的竖画。

b. 中线上有一笔或多笔短的竖画。

c. 中线上没有竖画，但有其他笔画反映了中线的存在。

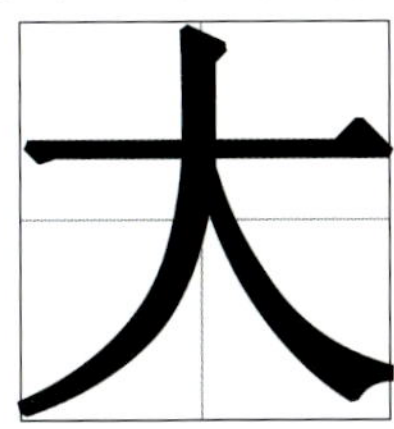

d. 左右结构的字往往反映了中线的存在。

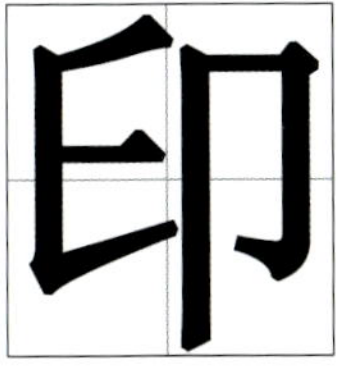

②左右平衡是指中线两边的分量在心理上的平衡。

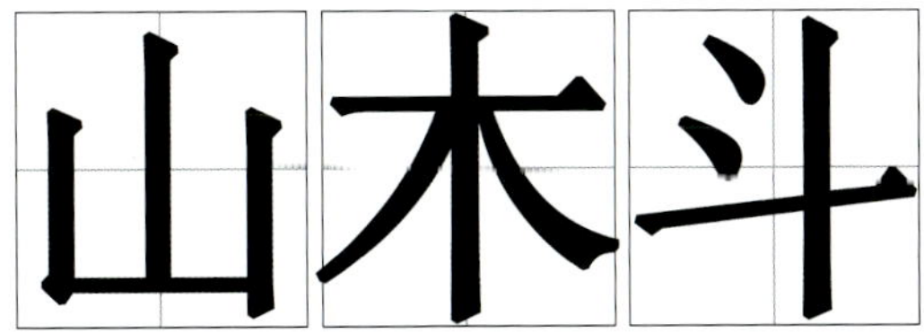

(2)上紧下松，有争有让

由于眼睛的错视，一般方块字的视觉中心要比实际中心略高一点，所以文字的上半部分在书写的时候要比下半部分略小一些，紧凑一些，加上心理上的作用，上紧下松的结构也往往会使人感到宽松舒适。

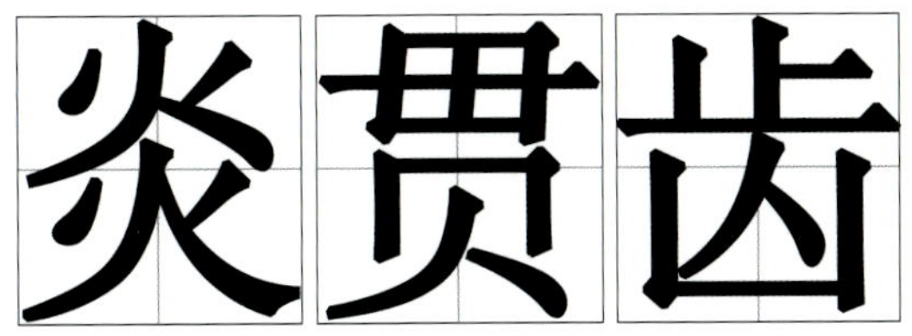

(3)有争有让，适当穿插

①同一文字中笔画多的部分要适当多占些位置，笔画少的部分应少占些位置，不能机械地进行均等分割，这样才能做到“有争有让”。

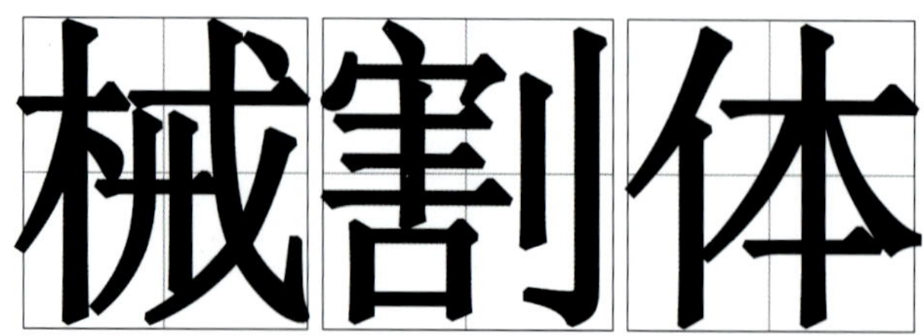

②对于左右两部分同形的文字，在笔画相接时，应在大体平衡的基础上，以左让右。

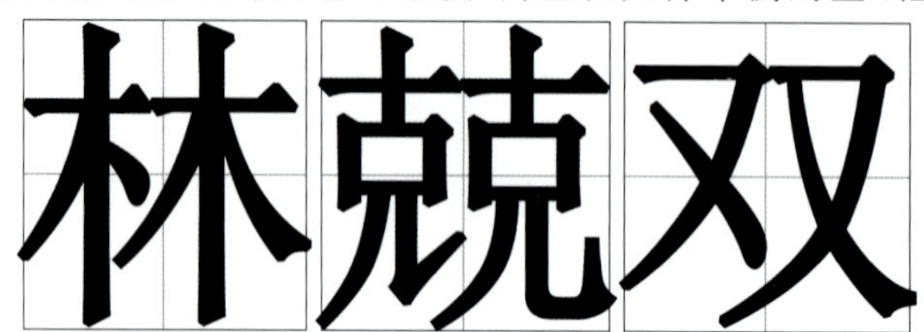

③文字的各个部分虽然都是独立的，但它们都属于整体文字的一部分，所以在位置上有争有让，才能做到笔画之间的相互穿插。

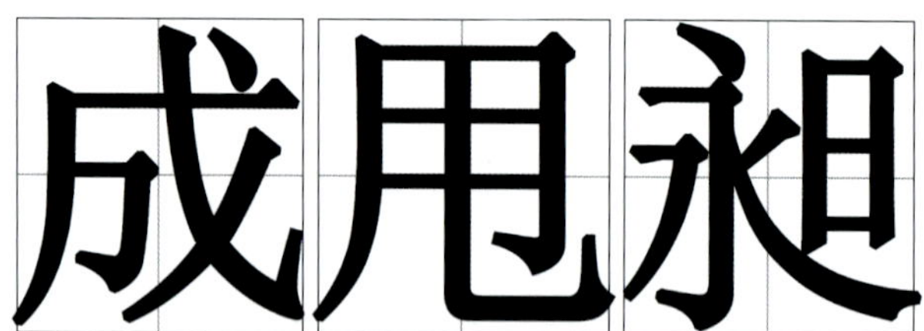

3）**笔画精当**

要做到笔画精当，就要处理好以下几个方面：

(1)笔形　笔形即笔画的形状。不同的字体，笔形各不相同，所以在书写的时候，一定要依据字体的笔形特点来书写。

(2)位置　笔画的位置要适应结构的需要，做到均衡、严谨。

(3)长短　笔画要长短有度，尤其对于一些重复笔画，要做到参差有序。

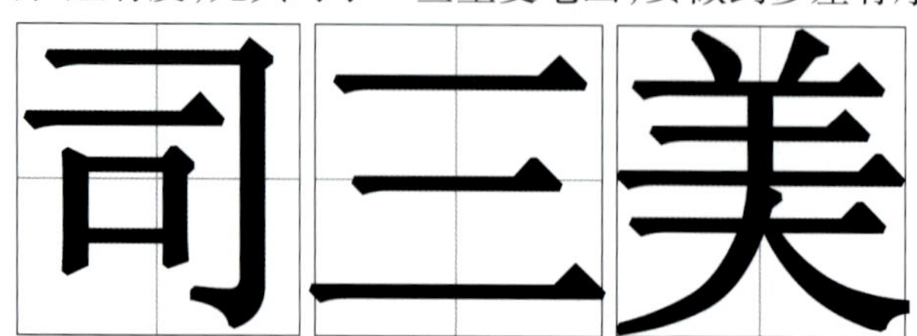

(4)粗细　在同一字体中，笔画的粗细虽然大体上差不多，但实际上是有变化的。根据文字的构架和笔画的繁简，可以依据以下原则：

①主粗副细：主笔画略粗，副笔画略细。

②疏粗密细：笔画少的文字笔画要略粗，笔画多的文字笔画要略细。

4)**常用字体范例**(图7.7)

姚体简体	保护环境，人人有责
彩云简体	绿草茵茵，关爱是金
海韵体	人人齐参与，创建绿色家园
哈哈体	手下留情，脚下留青
行楷简体	地球是我家，环保靠大家
雪峰体	保护碧水蓝天
水波体	治理环境污染，重现丽日蓝天
剪纸简体	城市属于你，绿茵属于你
琥珀体	小草微微笑，请您旁边绕
隶书简体	蓝天之下你我他，优美环境靠大家

图7.7　常用字体范例

3. 汉字的绘写步骤

汉字的绘写步骤如图7.8所示。

①排版。根据纸张定排版。

②确定字形、字体大小、位置和间距等。

③打格，铅笔写出文字的单线稿(注意字体的结构比例)。

④根据线稿确定轮廓线(注意笔画的粗细和字体的大小、间距)。

⑤上色(先用直尺、曲线板等工具描边,然后用墨汁、黑色钢笔或黑色水笔填充)。

⑥调整修边,完成。

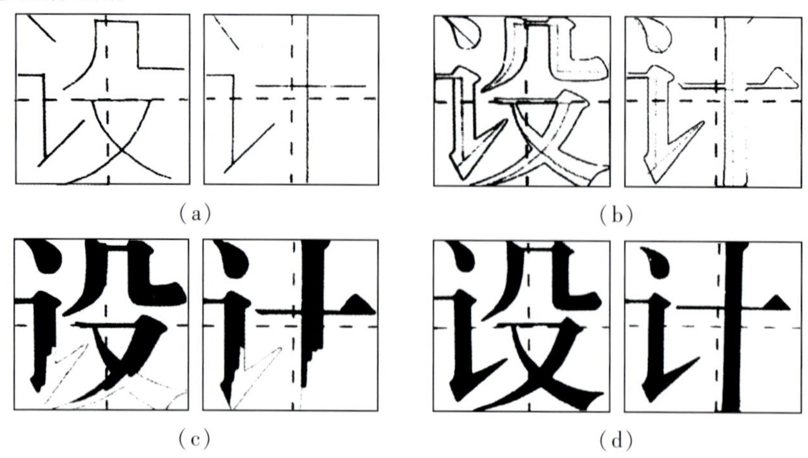

图 7.8 绘写步骤

4. 变体美术字

变体美术字是在宋体和黑体的基础上进行装饰变化的,它在一定程度上摆脱了原字形和笔画的约束,依据文字内容,充分运用想象力,艺术地重新组织字形,一般通过改变外形、笔画或字体结构,利用折带、重叠、连接、渐变、添加、透视、立体、阴影、投影、倒影等手法对文字进行变形,使文字的含义更清晰易懂,形象更生动活泼、绚丽多彩。

1)变体字的常见类型及范例

(1)笔画性变化美术字　通过对字体本身的笔画、结构、外形、方向等的变化进行装饰(图 7.9)。

图 7.9 笔画性变化实例

(2)装饰性变化美术字　这是一种应用最广的美术字,可以装饰文字本身,也可以装饰文字背景，能使文字绚丽多彩，富于诗情画意。常见形式如折带、重叠、连接、渐变等(图7.10)。

图7.10　装饰性变化实例

(3)形象性变化美术字　把文字的含义形象化，既是文字又是图画(图7.11)。

图7.11　形象性变化实例

(4)立体阴影变化美术字　应用绘画透视的原理表现出文字的立体效果，把平面字形通过透视关系或透明物体的蔽盖及投影产生别具一格的艺术效果(图7.12)。

图7.12 立体阴影变化实例

2）**艺术字体范例**（图7.13）

1 2 3
4 5 6
7 8 9
0

形象变化（徽） 笔画变化（数字）

立体变化（Spring）

形象变化（摩托车） 装饰变化（风向标）

综合应用(拉丁字母)

笔画变化(金玉满堂)　　　　装饰变化(舞)

笔画变化(创意字体)

立体阴影变化(恭喜发财)

图7.13　艺术字体欣赏范例

课堂训练

1) 训练内容

宋体、黑体笔画训练,字体训练。

2) 训练要求

在8K纸上写出宋体、黑体字各10个,规格每字5~8 cm,字体笔画规范、大小一致、结构严谨。

任务小结

通过对基本字体的掌握,灵活运用字形的变化,在专业的设计中可以使作品更丰富。平时要多观察、多练习、多积累,这样可以更有效地学习和应用文字。

拓展训练

1) 训练内容

搜集园林设计中文字的应用实例。

2) 训练要求

对搜集的作品进行分析,总结所用文字的特点、应用环境以及它们在风格上的适应性。

目标考核

优良:字体书写规范、大小匀称、笔画准确、结构严谨,对各种变体美术字有自己独到的见解。

合格:字体书写规范、匀称,文字整体结构合理。

任务2 图案

1. 图案的基本概念及属性

1) 图案的定义

图案是实用美术、装饰美术、工艺美术等方向关于形式、色彩、结构的预想设计,是在工艺、材料、用途、经济、美观、牢固等条件制约下形成图样、模型、装饰纹样等方案的通称。

图案可作广义和狭义两种解释。广义指各种产品的设计，狭义指各种装饰纹样。

2）图案的基本属性

图案是一门实用性的艺术，是一种装饰手段，是人们的物质生活与文化生活两者相结合的艺术形式，其基本属性主要体现在以下3点。

（1）装饰性　所谓装饰性，就是对自然物体进行夸张、变形，取其形态，存其共性，在实际变化中使其符合审美规律，突出形式美的特色。

（2）从属性　它是图案依附于一定的物质产品后才能真正实现其价值的属性，装饰对象是图案的载体，图案受到装饰对象物质材料、生产工艺、使用功能、使用对象与经济条件等的制约，所以必须服从和服务于材料、工艺和用途，要与装饰对象融为一体。

（3）实用性　图案的实用性是在设计之初就应该要考虑的问题，如图案是做什么用的，给谁用的，用在哪里及相应的工艺要求、材料、性能等。

2. 图案的类别

1）按艺术形态分类

按艺术形态分，可将图案分为平面图案、立体图案、综合图案。

（1）平面图案　它是指在二维空间中应用于平面装饰的美术设计，如纺织、刺绣、壁纸、广告等（图7.14、图7.15）。

图7.14　广告图案

图7.15　刺绣图案

（2）立体图案　它是指在三维空间中应用于立体造型及结构的设计，如室内设计、家具等（图7.16、图7.17）。

图 7.16 立体造型

图 7.17 立体摆件

(3)综合图案　它是指二维空间和三维空间相结合的图案设计,如服饰、建筑等(图 7.18)。

图 7.18 室内吊顶及墙壁装饰

2)按构成形式分类

按构成形式分,可将图案分为单独图案和连续图案两类(图 7.19、图 7.20)。

3)按造型意象分

按造型意象分,可分为具象图案和抽象图案。

(1)具象图案　具象图案具有较完整的具象形象的图案,可分为写实和写意两类(图 7.21、图 7.22)。

图7.19　单独图案

图7.20　连续图案

图7.21　写实图案

图7.22　写意图案

(2)抽象图案　抽象图案指由非具象形象形成的图案,可分为几何形与随意形两类(图7.23、图7.24)。

图7.23　几何形图案

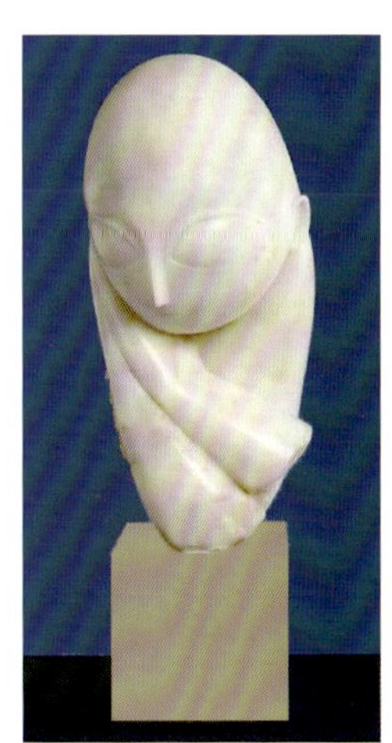

图7.24　抽象人像

任务3 图案的制作形式和技法

1. 图案的构成形式

平面图案的构成包括纹样组织和画面构图两部分，两者互相影响、互相制约。

图案的构成形式多为两大类：单独纹样和连续纹样。

1）单独纹样

单独纹样是相对于连续纹样而言的，是一种独立的可以与周围纹样分离而又保持完整性的图案形式，有自由纹样、适合纹样、填充纹样、角隅纹样4种格式。

（1）自由纹样　自由纹样是指不受外轮廓限制，自由处理外形而单独构成和应用的纹样。

①对称式：主要有左右对称、旋转对称、多面对称（图7.25）。

②均衡式：主要有S形骨式、相交骨式、相背骨式、相对式、弧形式、结合式（图7.26）。

图7.25　对称式

图7.26　均衡式

（2）适合纹样　适合纹样是指适合于一定的外轮廓形状中的装饰纹样，可以是几何形（如方形、圆形、三角形等），也可以是自然物、人造物的形（如葫芦形、桃形、扇形等）（图7.27—图7.30）。

图7.27　适合于圆形

图7.28　适合于方形

图7.29 适合于三角形　　图7.30 适合于扇形

适合纹样的形态要与外轮廓相吻合，在除去边框时仍有清晰的边框外形特征，框内纹样可以是单一的形象，也可由几个形象组成。

(3)填充纹样　填充纹样是指纹样受到外框的限制，但不需作完全适合的一种纹样(图7.31、图7.32)。

图7.31 填充于方形

图7.32 填充于圆形

(4)角隅纹样　角隅纹样也称为角适合纹样(图7.33、图7.34)。

图7.33 角隅纹样1

图7.34 角隅纹样2

2)**连续纹样**

连续纹样是指以一个单位纹样向上下、左右方向作重复排列成无限反复的纹样。

(1)二方连续　二方连续又称带状纹样,即以一个或几个单位纹样作左右、上下、倾斜、首尾相接等排列的形式。

基本骨式:

a. 散点式(图7.35)

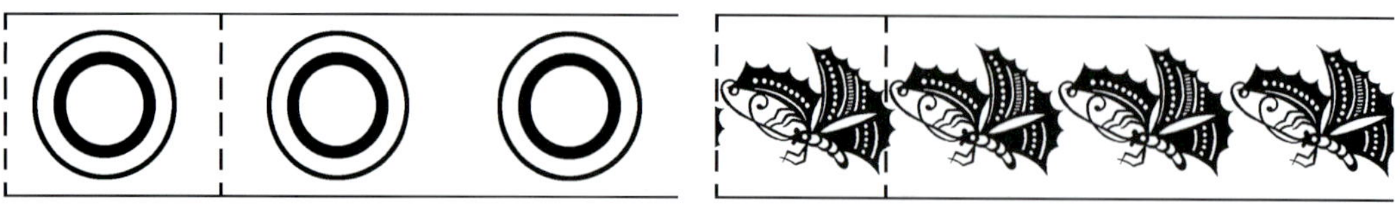

图7.35　散点式骨架及实例

b. 波浪式(图7.36)

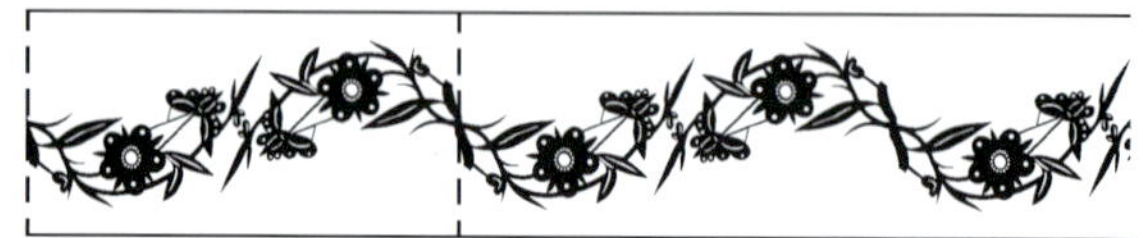

图7.36　波浪式骨架及实例

c. 折线式(图7.37)

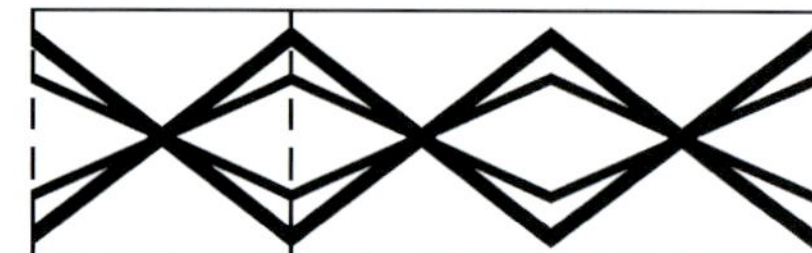

图7.37　折线式骨架及实例

d. 综合式(图7.38)

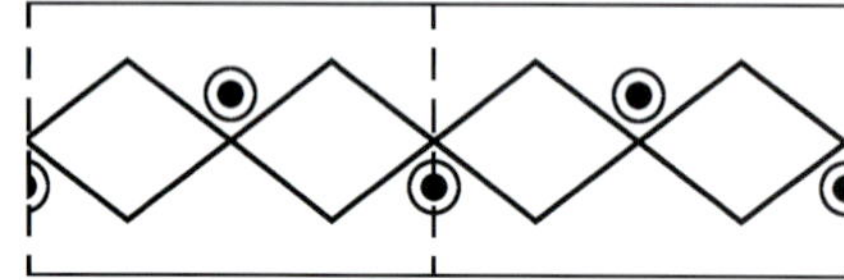

图7.38　综合式骨架及实例

e. 纹样范例(图7.39)

图7.39　二方连续范例

(2)四方连续 四方连续是指依据一定的图案组织形式,将一个单位纹样作上下、左右循环连续排列,如地砖、花布、壁纸、木雕、建筑装饰等(图7.40)。

图7.40 四方连续实例

2. 图案的创意方法

图案的造型是多种多样的,它不是客观事物简单的复制,而是根据不同的目的对事物的原形进行艺术再加工,通过一定的变形手法对写生对象进行加工、提炼、归纳,使图案的实用性和美观性得到统一。

创意方法可分为以下几类。

1)省略法

省略法是指对原形进行高度概括,抓住对象的基本特征,删繁就简,强调主要特征,使图案纹饰趋于条理化、规律化(图7.41、图7.42)。

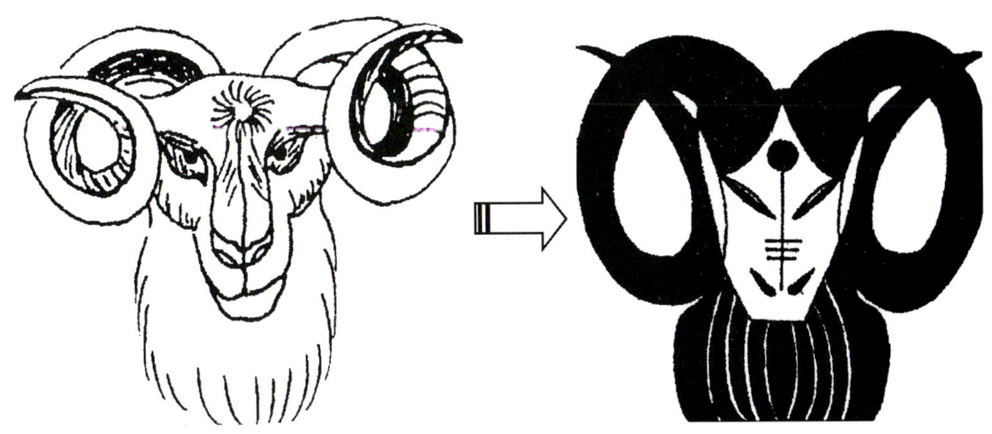

图7.41 山羊纹样的省略变形

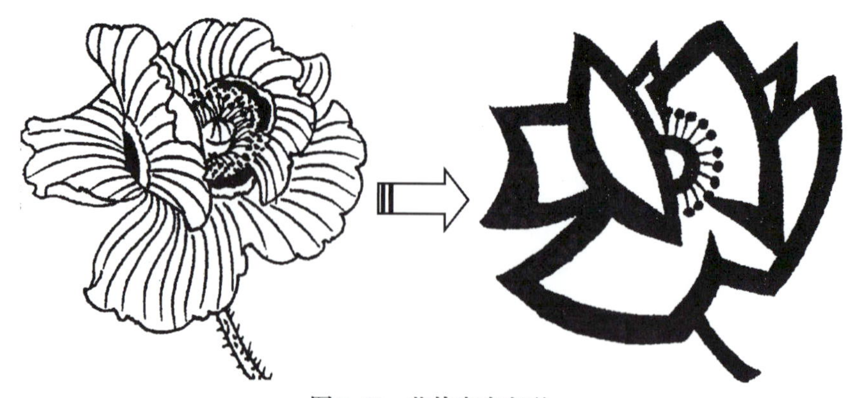

图 7.42　花的省略变形

2）夸张法

夸张法是指以原形为基础，夸大、强调、突出自然形象中具有特征和代表性的部分，使形象更加生动且具有感染力（图 7.43、图 7.44）。

图 7.43　鸟的夸张变形

图 7.44　舞蹈人物的夸张变形

3）添加法

添加法是指在原形组合中加入与之相关的其他形象，使图案的造型和寓意更加丰富（图 7.45、图 7.46）。

图 7.45　公鸡的添加变形

图 7.46　野猪的添加变形

4)几何形法

几何形法是指通过对各种几何形体的拼接,形成变化幅度大,装饰意味强的新形象(图7.47、图7.48)。

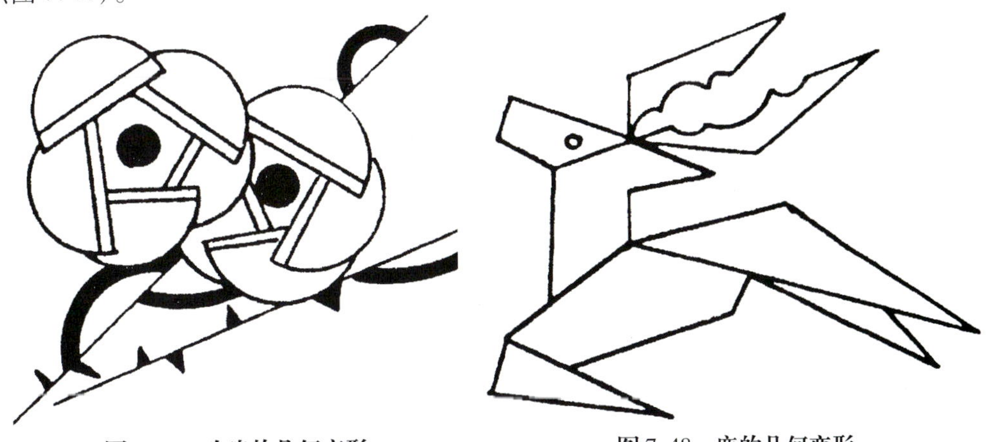

图7.47　玫瑰的几何变形　　图7.48　鹿的几何变形

5)巧合法

巧合法是指两种或两种以上的形态发生偶然的联系,形成特殊的趣味图形,从而引发图形和图形以外的联想(图7.49、图7.50)。

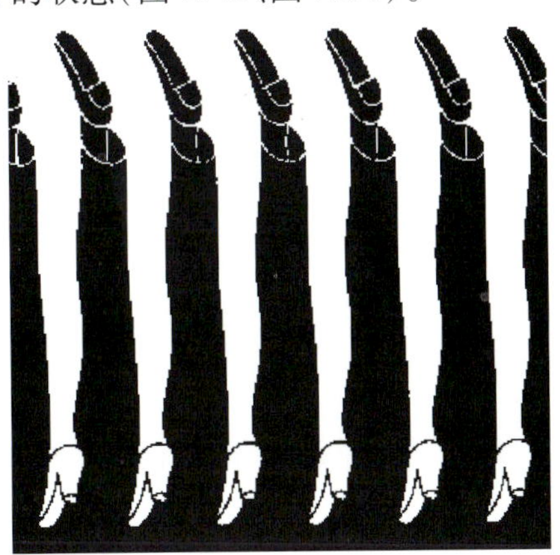

图7.49　男女腿部的图底反转

图7.50　黑白人物的图底反转

任务4　图案在园林中的应用

在园林设计中,图案的应用非常广泛,木材、石材、金属、陶瓷、玻璃等自然界所提供的一切材料都可作为图案的表现材料,我们常用的材料如下。

1)木质材料

木材是应用较多的材料,具有耐冲击、强度高、加工简单、可反复使用等特点,并具有独特的质地与天然花纹。有锯、刨、钉等机械加工,以及雕刻、贴、画、粘等装饰加工的良好加工性能(图7.51、图7.52)。

图7.51　木质刻花

图7.52　木质雕花

2)石材

石材具有丰富的天然色泽且质地不一,具有质朴、庄重、粗犷、柔润等不同特征,而且耐风化、耐磨损,多用于室内外、园林设计中,以浮雕、圆雕、镂雕的装饰手法居多(图7.53、图7.54)。

图7.53　石柱雕刻

图7.54　石材装饰墙

3)金属

金属的种类非常多,如金、银、铜、铁、铝、锌等以及由不同金属合成的复合金属。其工艺性能优良,抗撞击,保存期长,并有独特的色彩和光泽,具有极强的可塑性(图7.55、图7.56)。

图7.55　金属装饰

图7.56　铁艺门

4）玻璃

玻璃具有透明、透光、可塑性强的特点（图7.57、图7.58）。

图7.57　艺术玻璃

图7.58　艺术玻璃

5）纤维

纤维包括毛、棕、丝、麻、藤、玻璃纤维、金属纤维等。在表现图案时，软质纤维类的材料多采用刺绣、编织等手段，硬质纤维材料多采用编、织、粘、贴、捆、绑、绕、弯、折等手段，以达到各种装饰效果（图7.59）。

图 7.59 藤编休闲椅

图案在园林设计和施工中被广泛地应用,如城市绿化、地面铺装、街景装饰、墙壁、窗格造型等随处都可见到图案的装饰性规律和造型法则。因此,图案的审美和应用对于园林设计专业来说也是至关重要的(图 7.60—图 7.69)。

图 7.60 苏州工业园景观广场(地面铺装)

图 7.61 地面铺装

图 7.62 街头绿地

图 7.63 国家大剧院(建筑)

图7.64 五四广场雕塑

图7.65 大连中山广场(广场规划)

图7.66 西湖文化广场

图7.67 漏窗

图7.68 苏州博物馆"米氏云山"

图7.69 容格拉斯园中的壁画

课堂训练

1)训练内容

(1)各种图案构成形式的临摹练习。

(2)各种图案创意方法的临摹练习。

2)训练要求

(1)单独纹样任选两种形式各做1张,连续纹样各做1张,对所临摹的作品进行分析,总结构成规律。

(2)任选3种创意方法做3张图案的练习,创意手法要明确、新颖。

任务小结

通过对图案基础知识的学习,使学生能够灵活地运用其构成形式,创作出符合环境特点的各类景观。对于图案的学习要注意多看、多分析、多积累,结合所学知识分析和学习身边的真实案例,做到活学活用。

拓展训练

1)**训练内容**

试用身边的废旧材料进行图案的制作。

2)**训练要求**

搜集废旧材料,可模拟一小块地面铺装、绿地造型或装饰墙进行图案的实用训练。

目标考核

优良:

画面完整,干净,符合训练要求,在学习的图案基础知识上有自己独立的想法和创意构思,并能够把合适的图案恰当地应用到园林中。

合格:

能够按要求完成临摹内容,画面完整干净。

参考文献

[1] 黄宗湖. 美术:鉴赏·造型[M]. 南宁:广西美术出版社,2006.
[2] 马云龙. 园林美术教程[M]. 2 版. 北京:中国农业出版社,2009.
[3] 吴天麟,朱辉球. 平面构成及应用[M]. 北京:北京工艺美术出版社,2007.
[4] 金纬,丁学华. 速写技法[M]. 苏州:苏州大学出版社,2005.
[5] 教学对话编委会. 教学对话:素描静物专题[M]. 南昌:江西美术出版社,2011.
[6] 教学对话编委会. 教学对话:素描几何体专题[M]. 南昌:江西美术出版社,2011.
[7] 漫果文化. 素描的温暖时光·风景篇[M]. 沈阳:辽宁科学技术出版社,2013.
[8] J. 汉姆. 世界绘画经典教程·风景素描[M]. 孙峰,译. 北京:人民邮电出版社,2011.
[9] 邵黎明. 园林美术[M]. 北京:机械工业出版社,2010.
[10] 武千嶂. 实用速写手册·风景篇[M]. 上海:上海人民美术出版社,2013.
[11] 叶理. 实用园林绘画技法——素描·线描·钢笔画[M]. 2 版. 北京:中国林业出版社,2014.
[12] 钟海宏. 风景速写:线描与明暗的表现[M]. 上海:东华大学出版社,2008.
[13] 宫晓滨. 园林素描[M]. 北京:中国林业出版社,2007.
[14] 教学对话编委会. 教学对话:色彩基础专题[M]. 南昌:江西美术出版社,2011.
[15] 教学对话编辑部. 色彩[M]. 南昌:江西美术出版社,2009.
[16] 李家友. 细节大典·色彩·细节[M]. 重庆:重庆出版社,2011.
[17] 珍妮·德·索斯马兹. 色彩基础[M]. 郑赛赛,译. 上海:上海人民美术出版社,2012.
[18] 刘毅娟. 造型基础·色彩[M]. 北京:中国林业出版社,2010.
[19] 黄茂昌,余坦腊. 名师范本·色彩风景[M]. 长沙:湖南美术出版社,2012.
[20] 严健,张源. 手绘景园:严健作品[M]. 乌鲁木齐:新疆科技卫生出版社,2003.
[21] 李春郁. 环境艺术设计手绘表现技法[M]. 北京:中国水利水电出版社,2007.
[22] 夏克梁. 手绘教学课堂:夏克梁景观表现教学实录[M]. 天津:天津大学出版社,2008.
[23] 李梦玲,任康丽,沈劲夫. 景观艺术设计[M]. 武汉:华中科技大学出版社,2011.
[24] 王亚非. 美术字设计基础[M]. 沈阳:辽宁美术出版社,1989.
[25] 沈卓娅. 字体设计[M]. 北京:高等教育出版社,2003.
[26] 李文跃,吴天麟,刘莎. 图案与装饰基础[M]. 上海:东方出版中心,2010.

[27] 肖虎,沈俊,胡秀萍. 景观设计[M]. 北京:中国传媒大学出版社,2011.
[28] 张海洋,孔祥涛. 大观色彩精选解密联考[M]. 北京:中国书店出版社,2020.
[29] 祁达. 主角·色彩静物课件 2[M]. 合肥:安徽美术出版社,2019.
[30] 薛蓉蓉. 景[M]. 杭州:中国美术学院出版社,2017.
[31] 唐建. 景观手绘速训[M]. 北京:中国水利水电出版社,2009.
[32] 潘冬梅,朱彬彬. 计算机辅助园林设计[M]. 3 版. 重庆:重庆大学出版社,2019.
[33] 曾海鹰. 景观设计快速表现[M]. 北京:机械工业出版社,2016.
[34] 杜健,吕律谱、蒋柯夫,等. 景观设计——手绘与思维表达[M]. 北京:人民邮电出版社,2015.